# 一五〇年前のＩＴ革命

## 岩倉使節団のニューメディア体験

松田裕之

鳥影社

一五〇年前のIT革命

——岩倉使節団のニューメディア体験——

目次

《凡例》

(1) 年月日・西洋の人名・固有名詞・術語の表記：年月日は、日本の元号のあとの（ ）内に西暦を記した。なお、明治六年一月一日以前は旧暦、以後は陽暦を使用した。西洋の人名・固有名詞・術語は、訳語やカタカナ表記のあとの（ ）内に原語を記した。

(2) 語句の説明と補足：語句の説明と補足は適宜、そのあとの［ ］内に記した。

(3) 掲載図版と参考・引用文献：本書では写真・絵・図表を掲載しているが、それらの出典は巻末「附録三　図版出典一覧」にまとめた。また、本文中で引用したり、行論の参考にしたりした史料や著書・論文は、巻末「附録四　参考・引用文献一覧」に記載した。

# プロローグ

## ――元祖ＩＴ革命のさなかに――

優れた者ほど間違いは多い。それだけ新しいことを試みるからである。一度も間違いをしたことのない者、それも大きな間違いをしたことのない者をトップレベルの地位に就かせてはならない。間違いをしたことのない者は凡庸である。そのうえ、いかにして間違いを発見し、いかにしてそれを早く直すかを知らない。

——ピーター・ドラッカー『現代の経営』より

技術（technology）の発展は、これまで当然とされてきた人間の生き方を根底から覆《くつがえ》すことがある。「そうであったものが、そうでなくなる」とか、逆に「そうでなかったものが、そうなる」というように……。

いま日本の技術の歴史をさかのぼれば、その起源は海外にあることも多い。我が祖《おや》たちは、遠く古代にあっては朝鮮半島を経由するか、大陸から直接に伝播《でんぱ》した中華の文明を範《モデル》として国造りをすすめた。ついで、近世には長崎出島のオランダ商館の窓から西洋文明の一端をかいまみ、開国以降は欧米諸国で起こった技術革新《イノベーション》の摂取に狂奔している。

本書では、このような外来技術の受容・移植にむけた歩みのなかから、明治維新を契機とする近代化に重要な役割を果たした情報技術（Information Technology：ＩＴ）をあつかう。そして、新生日本が最先端のＩＴを外国から吸収し、みずからのものとした流儀や作法を、ひとつの浩瀚《こうかん》な文書記録をつうじて、為政者の視界から読み解いていきたい。

わたしたちはいま、インターネットによって、日常のあらゆるものが瞬時につながり、〈知〉が無限に拡大していく暮らしを享受している。

図版1　サミュエル・モールス

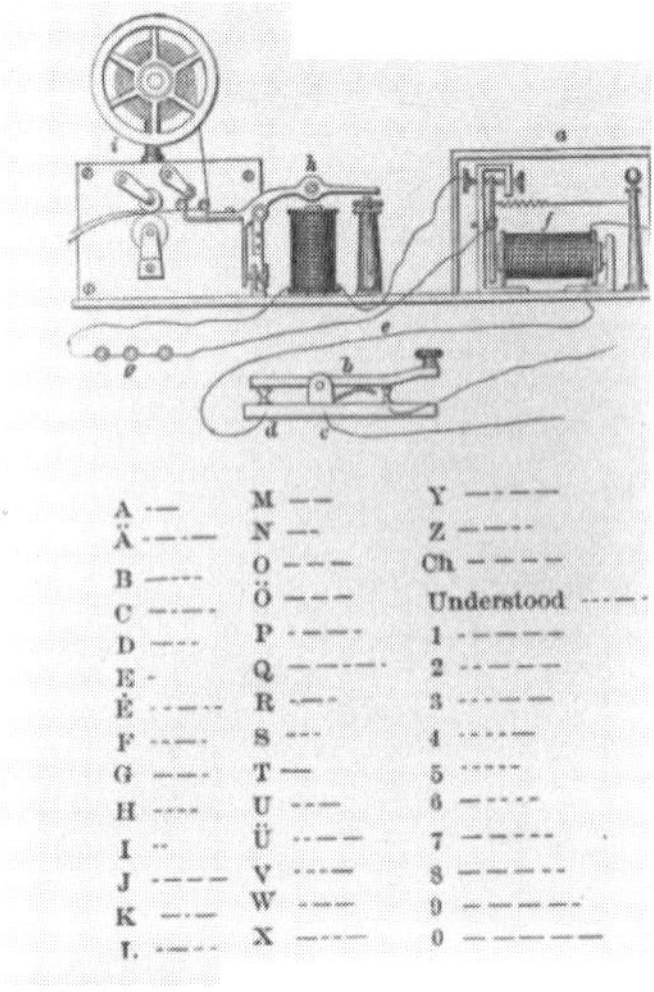


図版2　モールス電信

しかし、世界をディスプレイのサイズにまで狭めた技術の原点は、電気に特有の「流れる迅《はや》さ」という属性を、情報伝達に応用した電信（electric telegraph）に求められる。

電気にかんする発見とそれにもとづく発明は、一八世紀末よりヨーロッパ各地であいついだ。一七九一年にルイージ・ガルヴァーニ（Galvani, Luigi）がカエルを使った有名な実験で電気現象の研究に道を開き、これにヒントをえたアレッサンドロ・ボルタ（Volta, Alessandro）が一七九九年に蓄電池を発明。やがて一八二〇年にはハンス・エルステッド（Ørsted, Hans C.）が電気と磁気の相互作用を発見する。

これらを理論的な基礎として、電気の実用化をめざす技術的な活動もはじまった。その最初の舞台となったのが情報伝達の領域なのだ。就中《なかんずく》、一八三八年にアメリカ合衆国の肖像画家サミュエル・モールス（Morse, Samuel F. B.：図版1）が開発した電信方式＝モールス電信は、人びとの生活を一変させる。モールスは、図版2のように、アルファベットや数字を短符（・）と長符（—）の組み合せ＝モールス符号（Morse code）で表し、それらを電鍵（key）によって電気信号（pulse）に変換、鉄製または銅製の導線（wire）で送信して、受信機（receiver）で復号したのである。

ここで、電信の登場以前に、直接対面によらない情報伝達がどのような方式でおこなわれていたのかを眺めれば、およそ左の三つに大別できよう。

(1) 情報を記した文書や、情報を記号化した結び目のある縄のような物体を、人や馬、馬車、船などで目的地まで移送する方式。

(2) 煙のたなびき、光の反射、旗や腕木の動きに特定の意味を持たせて情報を視覚化し、それを中継《リレー》して目的地まで伝送する方式。

(3) 太鼓や笛などの音に特定の意味を持たせて、聴覚に訴えることで伝送する方式。

(1)は紙数や物体の量を増やすと、相当な量の情報を一度に伝達できるが、目的地までの距離が遠いほど到着に要する時間は長くなる。(2)の象形《しょうけい》と(3)の象音《しょうおん》は、(1)に較べると到着時間が格

図版3　ヴィクトリア女王

段に短い反面、天候や地形、受け手側の視力や聴力の影響を受けやすく、一度に伝達できる情報量もはなはだ少ない。よって、右の三方式のあいだで情報伝達の確実性と信頼性を比較すると、⑴が⑵と⑶を陵駕《りょうが》する。

　このように、空間的な隔たり、自然条件、当事者間の能力差といった要素は、長らく〈知〉の源泉たる情報の拡がりを阻《はば》む障壁として、人類のまえに高くそびえ立っていた。電信はまさに離れた者同士の情報伝達の様式《モード》を、「信《たよ》を運ぶ」＝移送から「信を通わせる」＝通信へと転換することで、この障壁を打破し、人類史を新たな段階《ステージ》へと導いたのである。

　話をもどすと、モールスは一八四四年の電信実験に成功を収め、翌四五年にマグネティック・テレグラフ・カンパニー（Magnetic Telegraph Company）を設立して、電信の事業化に乗りだした。やがてその効用がアメリカを超えてヨーロッパにも波及した一八五〇年代なかば以降、国内および大陸内はいうにおよばず、海底ケーブルによって大陸間にも電信線路（telegraph line）を敷こうとする動きが本格化する。

　その中心となったのが、ヴィクトリア女王（Queen Victoria：図版3）の治世下で、圧倒的な経済力と軍事力を背景に「太陽の沈まぬ帝国」を築きつつあったイギリス。世界に先駆けて産業革命を実現した同国は、アジア、アフリカに獲得した植民地群と本国とを電信でつなぐことによって支配体制の強化をもくろんだ。

短符と長符を組み合わせた電気信号が、電信線路を駆けめぐり、世界の人びとが瞬時に情報を共有する——これこそインターネットに象徴されるＩＴ革命の原風景にほかならない。

さて、電信が情報伝達の領域で華々しい成功を収めた時期、極東の小さな島国日本は、二五〇年の長きにわたる海禁体制＝鎖国をようやく解こうとしていた。そして、安政五ヵ国条約［安政五（一八五八）年にアメリカ、オランダ、ロシア、イギリス、フランスとむすんだ修好通商条約の総称］の締結から幕末動乱を経て明治維新を達成すると、「欧米列強に追いつけ」を国是《スローガン》に掲げ、先進的な産業技術の摂取に血道をあげはじめる。あたかも政府大官の暗殺、旧武士・農民層の反乱もあいつぐ時代転換の波濤《はとう》で、上下を問わず人びとの意識は危うく揺れ動いていた。

そんな混迷のさなかにあって、憑《つ》かれたかのように欧米文物の模倣《コピー》と移植に狂奔する若き藩閥政治家たちの姿は、近代化の助っ人として来日した御雇《おやとい》外国人たちの眉をしばしばひそめさせる。

たとえば、海軍兵学寮に教員として招聘《しょうへい》されたバジル・チェンバレン（Chamberlain, Basil

H.）は「その昔、中国の文明に跳《と》びついた日本人は、いまやわたしたちの文明に跳びついている」〔高梨健吉訳『日本事物誌１』〕と皮肉った。

また、政府高官や皇族の主治医を務めたエルウィン・ベルツ（von Bälz, Erwin）は「日本国民は、一気にわれわれヨーロッパの文化発展に要した五〇〇年あまりの期間を飛び越えて、一九世紀のすべての成果を即座に、自分のものにしようとしている」と驚嘆しながら、「このような現象は大変不快なもので、日本人が自国固有の文化を軽視すれば、かえって外国人の信頼を損ないかねない」〔菅沼竜太郎訳『ベルツの日記』〕と警告することも忘れなかった。

けれども時の為政者たちは、焦燥と自若、情熱と冷静、大胆と細心を、時宜に応じてバランスよく使い分ける感性《センス》も備えていた。ここで技術史家の中岡哲郎による左のごとき見解〔中岡『自動車が走った』〕は注目してよい。すなわち、

明治の為政者の多くは、幕末期、幕府や藩の公的教育となった洋学に親しんだ武士階級の出身であった。武士は本来が戦闘を生業《なりわい》とすることから、相手を常に敵と仮想し、その力の根源を見極め、それと同じものを持とうとする習性を有する。太平に馴《な》れた幕末期の武士のうちにも、戦闘者としての遺伝子は眠っていたことだろう。

同時に、海の外から渡来する秀でた文明に魅せられ、それを模倣しながらも、自分たちの間尺に合ったものに造り変えてきた日本人の技術に対する伝統的な姿勢も、彼らのなか

には脈々と受け継がれていた。

この重なり合いがじつは、若き藩閥政治家たちに、一見闇雲とも映る西洋かぶれを演じさせつつ、その裏では西洋文明の精髄に肉薄しようとする努力を倦むことなく続けさせていく原動力となった――


そうした努力のなかでも、明治四（一八七一）年一一月一二日、岩倉具視［公家出身］を特命全権大使として横浜港から欧米世界へと旅立った岩倉使節団［以下、使節団］の意義は、日本の近代化の道筋を考えるうえで、特筆大書されねばならない。これこそ西洋文明のなんたるかを実地に見聞・体験・摂取すべく、新生日本が列強の野望渦巻く国際社会へと送りだした古今に類例なき冒険集団なのである。

「特命全権の重大な任務を帯びて日本を出発した岩倉大使一行がどんな土産《みやげ》をもたらして欧米から帰朝するかは、これまた多くの人の注意《ママ》の的となっていた」とは、島崎藤村の名作『夜明け前』の一節。「すべて山の中」と形容された木曾路［正確には筑摩県第八大区五小区。現岐阜県中津川市馬籠《まごめ》］においてさえ、使節団の派遣は興味津々の壮挙と目されていた。

いま、冒険といい、壮挙といった。が、こうした修辞さえ、使節団という国家プロジェクトを語るには、控えめにすぎよう。たとえば、近代ジャーナリズムの先駆《パイオニア》である三宅雪嶺《せつれい》は「廃藩置県の断行ありて幾月ならず、政府の要部が二分し、一部が外に出で、一部が内に留まるな

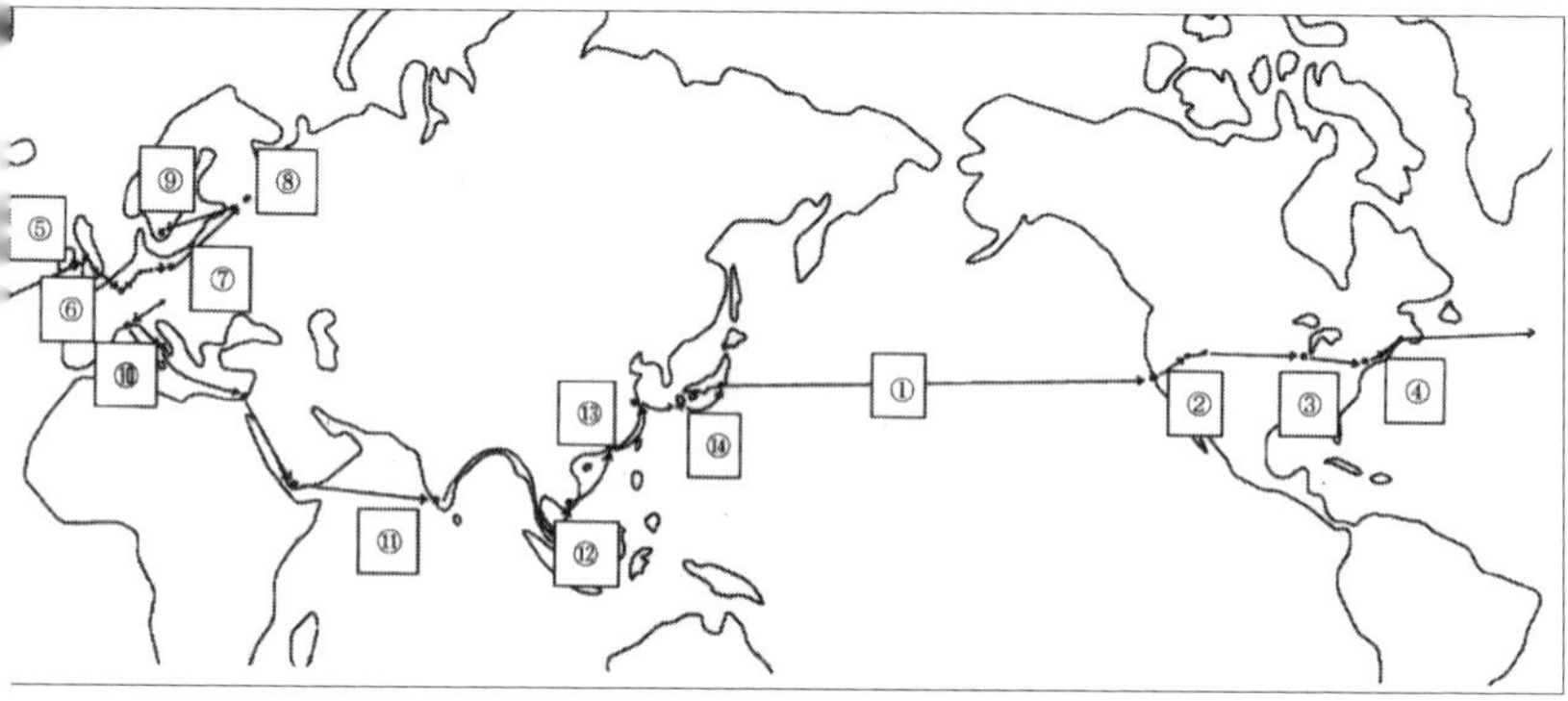


①横浜発(明治４年11月12日:1871.12.23)→サンフランシスコ(同12月６日:1872.1.15)⇒②サクラメント→ソルトレークシティ→シカゴ⇒③ワシントン(明治５年１月21日:1872.2.29)⇒④ニューヨーク→ボストン⇒⑤リバプール⇒⑥ロンドン(同７月14日:1872.8.17)⇒⑦パリ（同11月16日：1872.12.16）→ブリュッセル→ハーグ→ベルリン（明治６〔1873〕３月９日）⇒⑧サンクトペテルブルク（同３月30日）⇒⑨コペンハーゲン（同４月18日）→（中略）⇒⑩マルセイユ（同７月18日）→ナポリ→ポートサイド⇒⑪アデン→ガル⇒⑫シンガポール→サイゴン⇒⑬香港→上海⇒⑭長崎（同９月６～７日）→横浜着（同９月13日）

図版４　岩倉使節団欧米歴訪コース略図

ど、普通なら敢えてせざるべき所なるに（……）勇敢とせば勇敢、軽率とせば軽率、一の奇異なる現象とすべし」（『同時代史　第一巻』）と評している。いっそのこと、冒険と壮挙を合体させて、「暴挙」と洒落《しゃれ》るのがふさわしい気もする。

図版４に描いたとおり、一行は太平洋を横断してアメリカ西海岸の港都サンフランシスコに上陸、鉄道で北米大陸を横断して東海岸のワシントン、ニューヨークを巡ったあと、ボストンより大西洋を渡ってロンドンをはじめとするイギリスの主要都市を回覧し、ドーバー海峡よりフランスに入って麗都《れいと》パリを堪能、ベルギー、オランダを経て、台頭いちじるしいプロイセン［ドイツ］に至る。そして、ロシア、デンマーク、スウェーデン、イタリア、オーストリア、スイスを歴訪後、地中海からスエズ運河を経由してインド洋にでて、セイロン［現 スリラン

カ」、シンガポール、香港、上海などに寄港し、出発から約一年一〇ヵ月を費して無事帰朝した。

　この使節団は図版5のように、大使の岩倉を筆頭に、大久保利通《としみち》「薩摩閥」、木戸孝允《たかよし》「長州閥」という維新の元勲三人と、伊藤博文《ひろぶみ》「長州閥」や山口尚芳《ますか》「佐賀閥」という気鋭の若手官

大久保利通

岩倉具視

伊藤博文

木戸孝允

図版5　岩倉使節団首脳部

僚を副使に配していた。

司馬遼太郎が『「明治」という国家』で喝破したごとく、国家が新体制に移行して早々、革命の英雄豪傑たちが地球のあちらこちらに、国家建設の青写真を求めて徘徊《はいかい》した例など、世界史のどこを探しても見当たるまい。

そんな使節団が負った任務は三つ。すなわち、
(1) いわゆる安政の開国を機に、国交を樹立した欧米諸国への国書の捧呈《ほうてい》。
(2) 旧幕府がこれら諸国と締結した不平等条約の改正にむけた予備交渉。
(3) 欧米諸国が誇る近代的な制度・文物の調査と研究。

のちほどみるが、(2)は使節団最初の訪問国アメリカにおいて早々と失敗に終わる。要するに、国際外交の舞台における新興国家の未熟さを曝《さら》けだしたのだ。

不平等条約の改正が一筋縄ではいかぬことを痛感した使節団首脳部は、(3)に全精力を傾けざるをえなくなった。欧米先進諸国の誇る近代技術文明は、後進日本にとって垂涎《すいぜん》の的であり、使節団一行は、訪問先の国々において最新鋭の産業施設を精力的に巡視する。喩《たと》えていうならば、使節団はみずから大容量のＵＳＢメモリとなって、先進欧米という情報源から、新国家建設に必要なソフトウェアをダウンロードした、ということになろうか。

右のような背景を念頭に置いて、以下では新生日本丸の舵取りを託された為政者たちが電信という驚異のニューメディアをどのような視点から眺め、その効用を奈辺に捉えたのかを探ると同時に、彼らの体験とそこから導かれた洞察がその後の近代化におけるＩＴの役割をどのように運命づけるのかも描いていく。

まず、使節団のニューメディア体験を語るにさきだち、幕末に電信と出会った日本人の反応にふれる。ついで、使節団派遣の経緯《いきさつ》をあきらかにし、使節団の公式報告書『特命全権大使米欧回覧実記』〔以下『実記』〕の意義を考えよう。

そのうえで、『実記』の記述をもとに、アメリカ、イギリス、プロイセンの電信事情を紹介し、それらが明治日本の通信行政にあたえた影響を、富国強兵・殖産興業を軸とした近代化の実態と照合しながら、多角的に検証したい。

なお、『実記』からの引用については、原文〔国立国会図書館デジタルコレクション「特命全権大使米歐回覽實記」第一〜五篇をベースに、久米邦武編修／田中彰校訂・解説（一九七七〜八二年）『特命全権大使　米欧回覧実記』㈠〜㈤、岩波文庫を適宜参照〕を引いたあと、〔　〕内に現代語訳〔久米邦武編著／水沢周訳・注／米欧亜回覧の会企画（二〇〇八年）『現代語訳　特命全権大使　米欧回覧実記（普及版）』第一〜五巻＋別巻総索引　慶應義塾大学出版会〕を記しておく。

格調高く、達意の名文を存分に味わっていただきたいと思う反面、漢文の素養のない現代人には原文を読み込むことも読み解くこともかなりの負担になる、と考えたからである。

なお、漢文調で記されたその他の文献や史料からの引用についても、右と同じ形式で筆者による現代語訳を適宜付した。

# Ⅰ　元勲たちの文明ツアー

できあがったばかりの日本政府の要人の八割までが国務を離れ、日本をはなれ、地球を一周してはるばる欧米の文明社会を見学にゆく（中略）正午、船は錨を抜いて出航した。

それを見送っての帰路、留守政府の首相格である西郷隆盛は、

「船が去《い》きもしたが、あン船が沈みもしたら日本もずいぶんおもしろうなりもそ」

と冗談をいった。この冗談は冗談ともまことともとれぬぶきみさがあり、またたくまに留守居の大官たちのあいだにひろがった。

――司馬遼太郎『歳月』より

## 一、幕末維新の電信事情

嘉永六（一八五三）年六月、琉球王国の那覇を経由して浦賀沖に来航したアメリカ東インド艦隊は、第一三代大統領ミラード・フィルモア（Fillmore, Millard）の国書を徳川幕府に提出して開国を求めた。翌安政元年一月なかばに同艦隊は再来航し、神奈川沖に碇泊《ていはく》する。提督のマシュー・カルブレイス・ペリー（Perry, Matthew Calbraith）は、武力行使をちらつかせながら、幕府に対して和親条約の締結をせまった。

このとき、ペリーが徳川将軍〔第一三代の家定《いえさだ》〕に贈った献上品には、図版6のエンボッシングモールス電信機とその付属品〔電線四束、碍子《がいし》一箱等〕が含まれていた。幕府の『貢献物目録』は「エレクトル・テレガラーフ、タタシ雷電氣ニテ事ヲ告ゲル機械〔電気通信機、つまり電気によって情報を伝達する機械〕」と記されている。

献上された電信機は、打電されたモールス符号を紙テープに鋼針で刻印するのが特徴。エンボッス（emboss）には「浮き彫りにする」とか「打ち出しにする」とかの意味がある。この電

図版6　ペリーが献上した米国製エンボッシングモールス電信機

図版7　米国使節実験電信機図（差物）

信機は現在も郵政博物館〔旧 逓信総合博物館ていぱーく〕に保管されており、外函中央の真鍮《しんちゅう》板には"For the Emperor of Japan"〔日本の将軍閣下へ〕の文字が刻まれている。

献上にさきだってペリー一行は、幕府外交団との交渉場所となった横浜村駒形《こまがた》〔現 神奈川県横浜市中区海岸通一丁目〕で、蒸気機関車の模型《ミニチュア》を走らせるとともに、エンボッシングモールス電信機の実演も挙行している。

図版7のように、駒形の応接所と名主《なぬし》宅のあいだに建柱・架線し、幕府外交団が見守るな

か、電信士（telegrapher/telegraph operator）がモールス符号の送受をおこなった。『ペルリ提督日本遠征記』一八五四年三月一三日の項は、そのときの様子を左のように記している。

「日本人たちは情報が瞬時に建物と建物のあいだで交信される様を目のあたりにして驚愕した。来る日も来る日も、幕府の役人たちがやってきて、電信士に電信機を操作してくれるよう嘆願し、情報が行き来する様子を興味深く眺めていた」

ペリー一行による汽車と電信の実演を受けて、幕府外交団は力士による相撲の妙技の数々を披露する。この日本側の余興について、『遠征記』三月二四日の項には「（日本側の）パフォーマンスが終わると、我らアメリカ人は誇りに満ちて、電信機と蒸気機関車の実演を開始した。野蛮な動物的見せ物など足下に及ばぬ、科学と実業の勝利を未開国民たちにまざまざと見せつけてやったのだ」という優越感に満ちた感想がつづられている。

ペリー一行が「誇りに満ちて」未開国民の代表＝幕府外交団に「見せつけた」蒸気と電気のショーは、輸送と情報伝達にかかわる最新技術の紹介というよりも、文明が未開や野蛮を制する力の強烈な示威行動《デモンストレーション》にほかならなかった。

だが、日米和親条約を締結して鎖国の扉を開かせたペリーは、未開国民の日本人がほとんど時を置かず、電信機の製作に乗りだすとは思いも寄らなかったであろう。

まずは、幕府海防掛《かいぼうがかり》にして韮山《にらやま》代官の要職にあった江川太郎左衛門英龍《ひでたつ》が、ペリー献上の電信機の仕組みを仔細《しさい》に調べて模造を試みるも、道なかばで急逝する。ついで、安政二（一八五五）年、幕府蕃所調所《ばんしょしらべしょ》の市川兼恭《かねのり》はヨーロッパの新興勢力プロイセンが幕府に献上した文字盤型電信機を模造することに成功。このタイプの電信機については、のちほどあらためてふれよう。

諸藩も手をこまねいてはいなかった。薩摩藩［現 鹿児島県］では、開明君主として名高い島津斉彬《なりあきら》の命を受けて、安政二年に蘭学者の川本幸民《こうみん》［摂津三田藩医・幕臣］と松木弘安《こうあん》がモールス電信機を模造した。同四年、肥前佐賀藩でも、閑叟《かんそう》の号で知られる鍋島直正《なおまさ》の設立した精《せい》錬方《れんかた》が、文字盤型電信機を製作している。

ついでながら、佐賀藩は明治維新後、石丸安世《やすよ》［初代工部省電信頭《でんしんのかみ》］、石井忠亮《ただあきら》［工部省電信局長］、志田林三郎《りんざぶろう》［東京電信学校長・逓信省工務局長］といった電気通信の発展に貢献する逸材を輩出。また、精錬方に招かれて電信機をはじめ大小銃、蒸気罐《じょうきがま》、汽船や汽車の雛形《ひながた》の製作にあたった久留米［現 福岡県久留米市］の鼈甲《べっこう》細工師 田中儀右衛門《ぎえもん》久重《ひさしげ》――通称「からくり儀右衛門」――は、明治六年一月に石丸の要請を受けて上京、東京新橋で本邦初の電信機製造工場を開業した。これがやがて東京芝浦電気［現 株式会社東芝］へと発展していく。

話をもどすと、開国を機に幕府や諸藩による電信機の模造・製作があいついだが、これらはともすれば支配階級中の開明派や知識層に属する人びとの知的好奇心による密室での科学実験

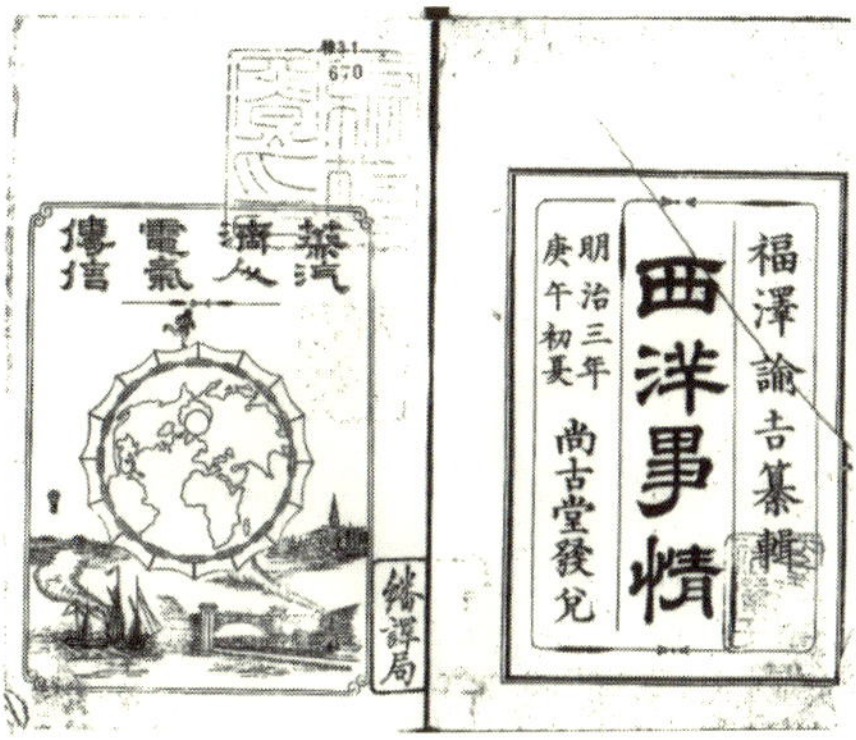

図版9　『西洋事情』初編（明治３年版）

図版8　福澤諭吉

にすぎず、世間一般にはほとんど影響をあたえなかった。いまだ内向きの世界観に縛られていた当時の人びとに、いち早く西洋文明の内容や効用をわかりやすく伝えたのは一冊の奇書である。作者は近代日本最大の啓蒙思想家となる福澤諭吉（図版8）。

福澤はまず、咸臨丸《かいりんまる》で有名な万延元（一八六〇）年の幕府遣米使節団［正使の新見《しんみ》豊前守正興《ぶぜんのかみまさおき》以下七七名］、ついで文久二〜三（一八六二〜六三）年の遣欧使節団［正使の竹内下野守保徳《しもつけのかみやすのり》以下三六名］に、それぞれ随行している。英学の素養を見込まれてのことだった。

帰国後は、訪問各国での見聞を克明に記録した西航手帳をもとに、現地で入手した外国語文献も適宜参照・訳出し、先進欧米の国情と事物・制度を平明な文体で紹介した『西洋事情』全三編の刊行に着手。慶応二（一八六六）年に初編を上梓《じょうし》したあと、第二編を明治元（一八六八）年、第三編を明治三年というように、四年越しで世に送る。

とりわけ初編（図版9）は、横浜の開港を機に西洋への関心や知識欲も高まりつつあったことから未曾有の反響を呼んだ。百桁の出版部数が基本であった当時において、海賊版も含めればなんと総計二五万部が売れたとされる。これは「本を読む素養のある人間ならば、そのほとんどが読んだ」というに等しく、こんにちでもにわかには信じがたい数字だ。

さて、初編には「傳信機《ママ》」という項がある。そのなかで福澤は、電信というニューメディアの機能や効用を解説するとともに、簡単ではあるがその原理や構造、発明の経緯、海底ケーブルをもちいた国際電信網の現況にもふれている。左に抄記引用しておく。

「傳信機トハ越列機篤兒《エレキトル》ノ氣力ヲ以テ遠方ニ音信ヲ傳《つた》フルモノヲ云フ（中略）鍛鉄《たんてつ》ニ越列機篤兒ノ氣力ヲ通スレハ其鍛鉄磁石力ヲ起テ他ノ鉄片ヲ引ク、氣力ノ流通ヲ絶テハ之ヲ放ツ傳信機ハ此理ニ基テ製シタルモノナリ此所ニ越列機篤兒ノ仕掛ヲ置キ彼所ニ鍛鉄ノ仕掛ヲ設ケテ此彼ノ間ニ銅線ヲ張リ此線ヨリ越氣ヲ通スレハ距離ノ遠近ニ拘ハラス其氣忽《たちま》チ鍛鉄ニ感シテ他ノ鉄片ヲ引ク随テ其氣力ノ流通ヲ絶テハ乃チ復タ之ヲ放ツ斯《かく》ノ如クシテ一通一絶随意ニ鉄片ノ運動ヲ起スヘシ既ニ鉄片ノ運動ヲ得レハ其動機ヲ針端ニ傳ヘテ紙ニ、イ、ロ、ハ、ノ記號ヲ印シ之ニ由テ音信ヲ通スヘシ其神速ナルヿ《こと》千萬里ト雖トモ一瞬ニ達ス各處ニ線ヲ通スルニハ其道筋三四十間毎ニ柱ヲ立テ高サ八九尺ノ所ニ線ヲ掛ク水底ニ沈ルモノハ線ノ外面ヲ覆テ水ヲ防ク（中略）現今西洋諸國ニハ海陸縦横ニ線ヲ張ルヿ恰《あたか》モ蜘蛛《くも》ノ網ノ如シ（中略）西洋人ノ諺《げん》ニ傳信機ノ發明ヲ以テ世界ヲ狭クセリト云フモ亦謚言《しげん》ニ非ラス（中略）千八百三十七年亞米利加《アメリカ》ノ人モールス五年ノ試験ニ由テ大ニ發明シ之ヲ實地ニ試ントスレトモ貧ニシテ資ナシ乃チ合衆國ノ政府ニ願ヒ三萬ドルラルヲ得テ千八百四十四年華《ワ》盛頓《シントン》府合衆国ノ首府ヨリバルチモール府マテ十七八里ノ間ニ線ヲ通シ兩府ノ消息ヲ報シタリ之ヲ世界中傳信線ノ初トス水底ノ傳信線ハ千八百五十一年英國ノドーウル英國南岸ノ地ヨリ佛蘭西ノ海岸ニ通スルモノヲ初トス爾後此法ニ效テ諸處ノ海底ニ線ヲ沈メ千八百五十八年ニハ亜多喇《アタラ》海ヲ横キリ亞米利加ト英國トノ間ニ線ヲ通シタリ其長サ日本ノ里數ニテ殆ント千里ニ近シ但シ此傳信線ハ成功ノ後銹《さび》テ其働ヲナサス由テ之ヲ廢シ近日再興ヲ企ツト云フ」

〔電信機とは電気のエネルギーによって遠くまで情報を伝達するものである。（中略）鉄に電気を流すとその鉄が磁力を帯びて他の鉄片を引きつける。電気の流れを止めると、その鉄片は離れる。電信機はこの原理にもとづいて作られたものである。ここに電気の仕掛けを置いて、あちらに鉄の仕掛けを置き、両者のあいだに銅線を張って、この線に電気をとおすと、距離の遠近に関係なく電気は即座に鉄に流れて鉄片を引きつける。電気の流れを断つと鉄片は離れる。これを繰り返すと、鉄片を思いのままに動かすことができる。そうして、鉄片に装着した針を動かし、紙にA、B、Cの記号を刻印することで情報を伝達できるのである。その伝達の迅速なことは、世界のどこに居ても一瞬で完了する。銅線を架け渡すには、その道筋の五〇〜七二メートル置きに柱を建てて、高さが二・五〜二・七メートルのあたりに銅線を引っ掛ければよい。水中に沈めるには銅線を被膜して水に直接触れることを防ぐ。（中略）最近、西洋諸国では陸上海中に銅線を張り巡らし、その様はあたかも蜘蛛の巣のようである。（中略）西洋人の格言に『電信機の発明によって世界が狭くなった』というのも決して法螺《ほら》ではない。（中略）一八三七年にアメリカ合衆国のサミュエル・モールスが五年にわたる試行錯誤を経て大発明を為して、これを実地に試そうとしたが、貧しくて資金がなかった。そこで合衆国政府に請願し、三万ドルの資金提供を受けて、一八四四年ワシントンからボルチモアまでの約七〇キロメートルに線を架け渡し、互いに情報を伝達しあった。これが世界初の電信線路である。海底ケーブルは一八五一年にイギリス南海岸のドーバーとフランスの海岸のあいだに沈めたのが世界初である。その後、これが手本となって、世界の海底に電信線路が敷かれていく。一八五八年には大西洋に海底ケーブルが沈められてアメリカとイギリスが電信でむすばれた。その長さは日本の里数に換算すると千里、約四千キロメートルにおよぶ。残念ながら、この海底ケーブルは竣工後に錆びついて用を為さなくなったので、近いうちに再架設をおこなう予定と聞く」

これこそが電信というニューメディアの効用を、広く一般の人びとに知らしめた最初のものであろう。技術的な面についてはいささか曖昧で不正確な記述もみられるが、電気が生みだす磁力を利用して電流を断続させることで、短符と長符を打電するというモールス電信の仕組みは、蘭学・英学の徒であるだけに、福澤自身なんとか理解してはいるようだ。

慧眼《けいがん》が光るのはしかし、「現今西洋諸國ニハ海陸縦横ニ線ヲ張ルヿ恰モ蜘蛛ノ網ノ如シ」、「傳信機ノ發明ヲ以テ世界ヲ狭クセリ」という記述。「世界を狭くする蜘蛛の網」とは、まさに現在のインターネットの象徴たるWWW（World-Wide-Web）、「世界を蜘蛛の巣状に覆う情報通信網」の出現を予見したものともとれる。

なお、図版9の『西洋事情』初編表紙には、絶妙な図柄《デザイン》の口絵が描かれている。「蒸汽《じょうきは》濟人《ひとをすくい》電氣《でんきは》傳信《しんをつたへる》」という題字の下には、丸い地球を囲むように棒が立ち並び、それらをつなぐ綱のうえを男が袋を肩に走っている。軽業師《かるわざし》の綱渡りか。さにあらず。男の正体は電報配達人。ならば、立ち並ぶ棒は電信柱、綱とみえるのは電線ということになる。

この絵の下には、気球、蒸気船、蒸気機関車の絵も配され、さながら一九世紀中葉以降に実用化された先端技術の揃い踏み《オンパレード》の観を呈する。すなわち、そこには「欧米列強は蒸気と電気の二大エネルギーにもとづく圧倒的な技術力を有し、彼らが蒸気船や機関車で往来《いきき》する空間は、電信でむすばれている。ゆえに、開国とは長らく閉ざしてきた国の門戸を開くだけでなく、電信が織りなす情報通信網のなかにみずから主体的に参入していくことなり」という寓意《メッセージ》がこめられていた。

ペリー一行による電信機の実演、『西洋事情』初編の刊行とそこでの電信にかんする平易明解な紹介の衝撃《インパクト》を、明治政府もしっかりと受け止める。鉄道と並ぶ西洋文明の粋＝電信を国土全域に整備することは、新生日本を率いる若き藩閥政治家たちにとって、陸海の防備と国内治

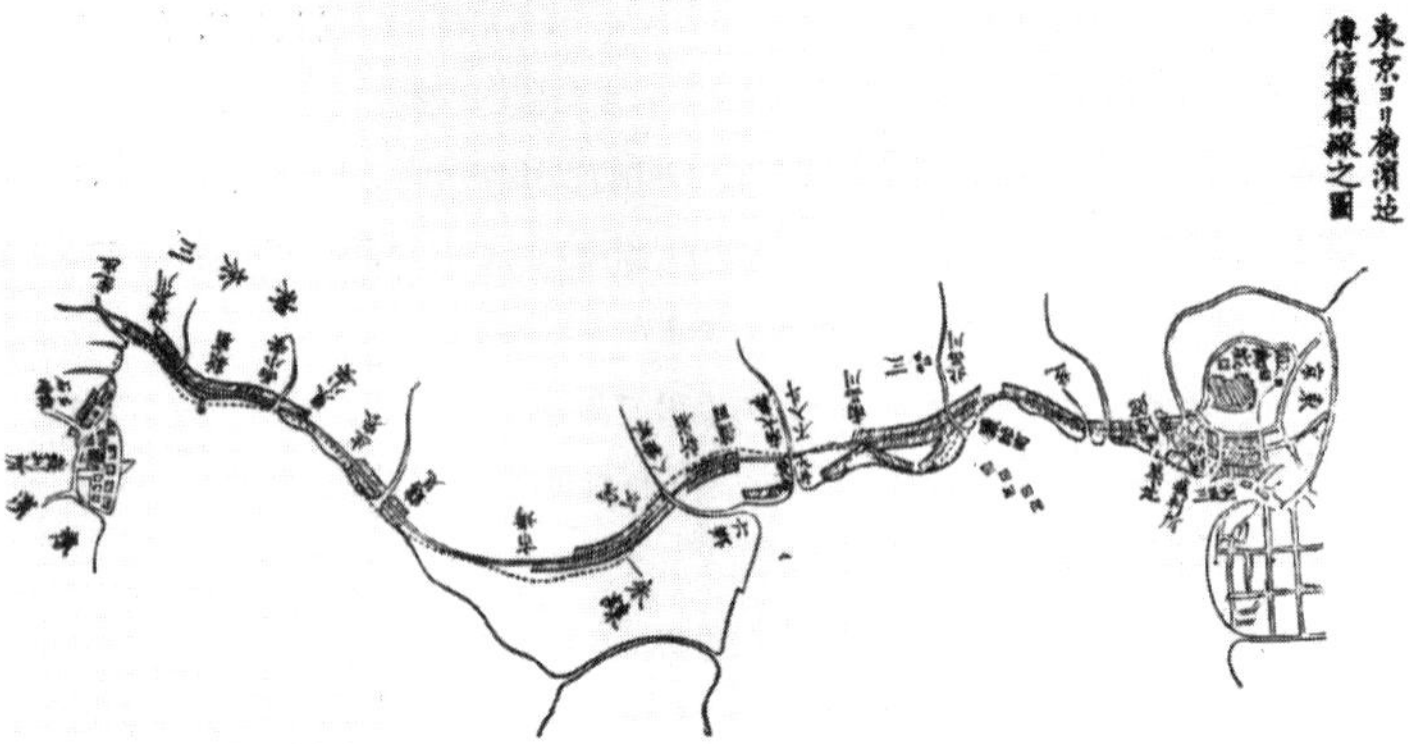


図版 10　横浜－東京間電信線路図

安の維持にむけた喫緊の課題ともなった。それと同時に、日本が文明国家の建設に邁進《まいしん》していることを国内外に喧伝《けんでん》し、かつ侵略と植民地化の先兵たる外国資本が社会基盤《インフラ》部門に進出するのを防ぐために必要不可欠な事業にほかならなかった。

明治改元直前の慶応四（一八六八）年九月、かつて薩摩藩で電信機製作にあたった松木弘安改め寺島陶蔵《とうぞう》〔宗則《むねのり》〕は、横浜外国官判事兼神奈川府判事として、「外国人居留地の治安確保および速やかな事件処理のために電信架設をすすめるべし」との建議を太政官に提出。そして、明治元年一二月の廟議《びょうぎ》を経て、「これを政府管掌の事業として推進すべく、計画策定を一任する」という決議をえた。

これとほぼ時を同じくして、初代兵庫県知事を拝命した伊藤博文〔当時は俊輔《しゅんすけ》と名乗る〕が大阪―神戸間の電信架設を計画していたことは、使節団の帰朝後に工部卿となり大久保利通の右腕として社会基盤《インフラ》の整備に

図版11　電信架設工事（大森付近）

努め、殖産興業路線を推進した事実に照らすと興味深い。ただし、伊藤の計画した阪神間の電信架設は大阪遷《せん》都《と》論に便乗したきらいもあり、明治天皇の行幸を機に東京が正式な首都となるにおよんで頓挫している。

かたや寺島は、灯台建設のために招聘された御雇外国人リチャード・ブラントン（Brunton, Richard Henry）に協力を仰いだところ、適任者としてスコットランド人の鉄道電信技師ジョージ・ギルバート（Gilbert, George M.）を紹介される。

電信架設の監督助を拝命したギルバートは、まず明治二（一八六九）年八月、横浜灯明台役所－横浜裁判所間の約七六〇メートルに仮線を設けて電信実験をおこない、至極良好な結果をえた。これを受けて寺島は、横浜裁判所伝《ママ》信機役所－東京築地運上所伝《ママ》信機役所間の約三二キロメートルに、図版10の経路で電信架設するようギルバートに要請する。

ギルバートの指揮下、九月一九日より神奈川府役人一〇人が現場監督にあたり、電信柱五九三本を建て並べる突貫工事に着工。図版11は、東京の南大森付近における建柱作業を撮っ

傳信機之布告

図版12　「傳信機之布告」図

図版13　石丸安世

たものとされる。工事には大工や鳶《とび》職人、さらには地元庄屋の縁者たちが動員された。写真右端のシャッポーをかぶり、白い服をまとっている人物がギルバートであろうか。

いまだ攘夷《じょうい》の気風も残るなか、ギルバート率いる測量・架設隊は暴徒の襲撃を警戒しながら、騎馬役人の護衛を受けて懸命の作業を続けた。工事は順調にすすみ、一一月には電信の効用・頼信方法・通信料金・配達料金・受取方法等を明記した「傳《ママ》信機之布告」（図版12）が発布された。そして、一二月二五日、本邦初の電信事業がはじまったのである。

明治三年閏《うるう》一〇月二〇日には、太政官が鉄道・電信・鉱山・灯台等の整備にあたる中央官庁として工部省を新設。翌年八月一五日、電信事業は正式に同省電信寮の管轄となり、初代電信頭には、さきほど名前のあがった石丸安世（図版13）が就任した。廃藩置県からわずか一ヵ月、維新の集大成ともいえる大改革の余韻も醒めぬなか、石丸は東京―長崎をむすぶ西向き列島縦貫電信線路の開設に着手する。

同じ年の一一月一二日、翌年から可能となる不平等条約の改正をまえに、その予備交渉をおこない、併せて欧米の制度・文物を視察する使命を帯びた使節団が、太平洋郵便会社の外輪蒸気船アメリカ号［四五五四トン。一等客室三〇、二等客室一六］で横浜を出港、最初の訪問地サンフランシスコをめざすこととなる。

## 二、岩倉使節団の構成と特徴

いささか筆がすすみすぎた。ここであらためて、使節団の内実にふれておきたい。まず、維新の元勲と気鋭の藩閥官僚を中心とした豪華な外交使節団を欧米に派遣することとなった経緯である。事の発端は、オランダ系アメリカ人宣教師グイド・フルベッキ（Verbeck, Guido Herman Fridolin：図版14）の献策であった。彼は、工業学校出身で科学技術に精通していた。

開国まもない安政六（一八五九）年一一月、フルベッキは横浜を経て長崎に入り、長崎奉行所直轄の英語所［のちに「洋学所」、「広運館」と改称］で教鞭をとった。そのあと、佐賀藩が長崎に設立した致遠館《ちえんかん》校長に招かれる。門下生には、大隈重信《おおくましげのぶ》（図版15）をはじめとした佐賀藩の俊英のほか、のちに使節団の副使となる大久保［当時は一蔵と名乗る］や伊藤といった諸藩の若手人材も名を連ねていた。

そのせいか、明治元年頃に致遠館の学生や教師らとともに長崎で撮った集合写真、通称「フルベッキ群像写真」が、昭和四九（一九七四）年頃から物議を醸してきた。明治天皇や西郷隆盛［薩摩閥］、さらに撮影当時すでに故人であった坂本龍馬《りょうま》［土佐藩］、中岡慎太郎《しんたろう》［同上］、高杉晋作《しんさく》［長州藩］といった回天の英雄たちがことごとく写り込んでいる、という奇妙な説が流布されたためである。一時はマスコミや歴史作家だけでなく、政治家まで巻き込む騒ぎとなったが、最近では荒唐無稽な珍説としてあつかわれている。

閑話休題《それはさておき》。

図版 14　グイド・フルベッキ

図版 15　大隈重信

維新後フルベッキは、大隈たち門下生の推薦もあり、明治二年四月に大学南校《だいがくなんこう》［官立の洋学校。旧幕府の開成所が前身。現 東京大学の母体のひとつ］の教頭兼政府顧問として東京に招かれた。そこで待ち受けていたのは、西洋文物の情報や知識に飢えた学生や政府要人による質問攻め。

これに辟易《へきえき》した彼は "There is no evidence so convincing as that of the eyes"［ふたつの目でみた証拠ほど確信の持てるものはない］と考えた。そして、明治二年五月二日、欧米諸国へ視察団を送ることの必要性と、組織・旅程・人員・調査研究方法などを具体的に記した西暦一八六九年六月一一日付の建言書《ブリーフ・スケッチ》を、当時の参与兼外国官副知事であった大隈に提出する。

大隈は建言書の主旨に納得しつつも、いまだ戊辰《ぼしん》戦争も終結しておらず、攘夷思想も幅を利かせ、内政も安定しない実情に鑑み、これをひとまず私蔵することとした。

しかし、安政五（一八五八）年に締結した日米修好通商条約が「一八七二年以降に改正可能」と定めていたことから、その時期を翌年に控えた明治四（一八七一）年になると、条約改正にむけた外交の必要性が政府内で議論の的となる。折からアメリカでの金融・財政制度調査を終えて帰国した伊藤が「欧米諸国の実態を詳細に調べて、改正にむけた下準備を入念にすめるべし」とする意見書を太政官に提出。

このとき参議兼条約改正掛となっていた大隈は、朋友《ほうゆう》伊藤の動きにうながされ、「今日の急務はまず使節をかの地［欧米諸国——引用者］に派遣し、我が日本の国情民俗を審《つまび》らかにせしむるを努むるに在り。これ実に条約改正の大事業を完成する方途なり。否、捷径《しょうけい》なり」（早稲田大学編『大隈重信自叙伝』）と考え、私蔵していたフルベッキの建言書をもとに、自身を全権大使とし、二～三人の補佐を随行とする外交使節団の派遣を発議した。廃藩置県断行の翌月、八月二〇日前後のことである。

となれば、使節団は本来、大隈を特命全権大使とするはずであったが、実際には岩倉が特命全権大使となった。それはいったいなぜなのか。

じつは岩倉自身が、明治二年二月に『國事《こくじ》意見書（會計外交等ノ條々意見）』のなかで、「外國既《すで》ニ交際ノ禮《れい》ヲ以テ公使参朝セシ上ハ我邦ヨリモ亦《また》勅使ヲ被遣《つかわし》以テ答ヘスンハアル可カラス且條約ヲ改ムル事ヲ辨《べん》シ賊平ノ事ヲ告クル可シ是固《これもと》ヨリ外交上ノ禮ナリ〔欧米各国はすでに外交の礼にのっとり行使を参朝させているうえは、我が国もまた使節を各国に派遣して返答の礼をとり、条約改正を申し入れ、倒幕のことを明確に伝えねばならない〕」と主張していた。フルベッキが大隈に使節団派遣を建議する四ヵ月もまえことだ。遣外使節構想は、大隈の発議以前の段階で、すでに岩倉の胸のうちにあったことになる。

また、使節人事の裏には、新政府内部での主導権争いも作用していた。維新回天において最大の功績を自他ともに認める薩長閥の面々が、やはり回天の立役者にして右大臣兼外務卿の岩倉と結託し、若手開明派の代表格として外交・財政分野で辣腕《らつわん》をふるう大隈の勢力拡大に「待った」をかけた、ということだ。

大隈に全権を委ねて使節団を統率させれば、条約改正に成果をあげるとともに、欧米の実地見聞によって理論武装をはかりかねない。そうなれば、大隈を中心に実務家肌の俊英の揃う佐賀閥が、政権を牛耳ることも予想される。

九月一三日、一六日の両日、岩倉はフルベッキと面会し、二年前大隈に提出した建言書の復元文書〔西暦一八七一年一〇月二六日、二九日付〕を入手し、これをもとに新たな使節派遣構想を立てると、太政大臣の三条実美《さねとみ》を説得し、九月二七日に岩倉使節団構想への同意をとりつけた。二日後には使節方別局が設立され、岩倉、大久保、木戸、伊藤のあいだで協議がすすむ。

一転、遣外使節構想の埒外《らちがい》に置かれた大隈であったが、「それなら」とできるだけ多数の政府要人――就中、薩長閥の守旧派――を岩倉の使節団に参加させ、彼らが国外に在るあいだ自分が政府の中心となって改革を推進しようと考える。「鬼の留守に洗濯」とは大隈の言葉（『大隈重信自叙伝』）である。

そのためにはしかし、いわゆる使節組から後事を託された西郷隆盛が、明治政府の近代化政策を快く思わぬ勢力に擁立されるような事態を是が非でも防がねばならない。そのために、大隈は大蔵大輔《おおくらたいふ》を務める現実主義者の井上馨《かおる》［長州閥］と手を組むと、左の一二款におよぶ約定（現代語訳）を使節組と留守政府組が締結することを閣議決定した。

⑴ 使節団派遣の趣旨を奉じて一致協力し、議論の食い違いや目的の差異を起こしてはならない。

⑵ 国内外の重要事件は、互いに報告をおこない、一ヵ月に二回の書信を欠いてはならない。

⑶ 国内外が照応して事務処理をおこなうために、大使の事務管理のための官員を任命し、大使帰国のあとは官員と理事官を交代させて、外国に派出させる。

⑷ 大使帰国後は、各国で商議および考案した条件を参酌・考定して、これを実地に施行させる。

⑸ 各理事官が見聞・習学・考案した方法は、順次実施し、途上のものについては理事官に

代わるものが引き継いで完備する。

⑹国内行政は大使帰国後に改正する予定であり、留守中はなるべく新規改正は慎む。改正の要がある場合、派出の大使に照会する。

⑺廃藩置県の処置は、国内行政中喫緊の課題なので、順次その実効をあげて、大使帰国後の改正の地歩固めをしなければならない。

⑻諸官省長官で欠員が生じた場合、これを新たに任命せず、参議が兼任して、その規模や目的を変更しない。

⑼諸官省ともに勅任・奏任・判任いずれの官員も増やさない。やむなき増員の場合、その理由を添えて決裁を乞わねばならない。

⑽御雇外国人についても前条と同様にする。

⑾右院は定例会議を休会し、もし議すべき案件があれば、正院よりその旨を下し、その会議ごとに期日を定める。

⑿以上を遵守して違反してはならない。これら条件の増減については、互いに照会しあって決定する。


これに対して、剛直で鳴る板垣退助《いたがきたいすけ》［土佐閥］などは色をなした。「派遣せられたる使節は、言わず語らずの間に、余等内閣員（留守政府組のこと――引用者）の言動を監督することと為るべし。さりとは奇怪至極のことならずや」（『大隈重信自叙伝』）と。

しかし、水面下で事態はすすんでおり、一個の武弁《ぶべん》にすぎぬ板垣が異を唱えたところで覆るものではなかった。あまつさえ廃藩置県という大改革の直後であり、「一朝不測の変起りたるに際し、これ〔使節組――引用者〕と往復討議し、内外相応じてその処断を為す」（『大隈重信自叙伝』）という主旨には、板垣も含めて全員が同意している。

かくして一一月九日、閣議での決定にしたがい、右記一二款より成る『大臣参議及各省卿大輔約定書』〔以下『約定書』〕に使節団と留守政府の構成員が調印した。

前者では右大臣岩倉具視、参議木戸孝允、大蔵卿大久保利通、工部大輔伊藤博文、司法大輔佐々木高行が、後者では太政大臣三条実美、参議西郷隆盛、同大隈重信、同板垣正形《まさかた》〔退助〕、議長後藤元燁《もとはる》〔象二郎〕、神祇《しんぎ》大輔福羽美静《ふくばびせい》、外務卿副島種臣《そえじまたねおみ》、大蔵大輔井上馨、兵部大輔山県有朋、文部卿大木喬任《たかとう》、司法大輔宍戸璣《ししどたまき》、宮内卿徳大寺実則《さねつね》、開拓次官黒田清隆《きよたか》が、署名・捺印〔花押か印。ただし伊藤はいずれもせず〕したのである。

調印日は使節団出発のわずか三日前のことであったが、すでに一一月六日には三条邸で使節団・留守政府の主だった人びとを集めて送別の宴《うたげ》が催されていた。その席で三条は、文明開化の画期《エポック》として記憶される、格調高い餞《はなむけ》の言葉を、岩倉・大久保・木戸・伊藤ら使節団員に贈る。曰く――

「外國ノ交際ハ國ノ安危ニ關シ　使節ノ能否ハ國ノ榮辱《えいじょく》ニ係ル　今ヤ大政維新　海外各國ト並立ヲ圖ル時ニ方《あた》リ　使命ヲ絶域萬里ニ奉ス　外交・内治　前途ノ大業其成其否　實ニ此擧《このきょ》ニ在リ　豈《あに》大任ニアラスヤ　大使天然ノ英資ヲ抱キ　中興ノ元勳タリ　所屬諸卿皆國家ノ柱石　而テ所率ノ官員　亦是一時ノ俊秀《しこうし》　各欽旨《きんし》ヲ奉シ　同心協力　以テ其職ヲ盡ス我其必ス奏功ノ遠カラサルヲ知ル　行ケヤ海ニ火輪《かりん》ヲ轉シ　陸ニ汽車ヲ輾《めぐ》ラシ　萬里馳驅《ちく》英名ヲ四方ニ宣揚シ　無恙《つつがなき》歸朝ヲ祈ル」

〔外国との交際は国家の安定と危機に影響をあたえ、使節の能力の如何は国家の栄辱に直結します。今はまさに大政維新、海外諸国と肩を並べるべきときですから、その使命を遠い異国の地で完遂しなければなりません。外交と内治にかかわる将来の大業が成功するかどうかは、じつにこの度の壮挙次第、皆様方の大任にかかっているのです。全権大使は生来立派な資質を持ち、中興の功績がある元勲です。ともに向かう卿たちはすべての国家の柱石であり、官員らも当代の一級の人物であられます。皆一致団結してこの立派な志のために協力し、職分を尽くさねばなりません。私は皆様方の初志貫徹の日が遠くないことを確信しています。さあ行こうではありませんか！　海にあっては蒸気船に乗り、陸においては汽車に乗り、遠い異国の各地を回り、その名を世界に轟《とどろ》かせたのち、無事帰国されることを心からお祈り申し上げます〕

こうしてそれぞれの思惑が交錯するなか、使節団は出航の日を迎えた。

図版 16　岩倉使節団出発の風景

品川駅を発した「当日格別運行」の臨時列車が横浜に到着し、降り立った使節団員を乗せた馬車が波止場に急ぐ。図版16に描かれたごとく、彼らは埠頭《ふとう》からつぎつぎと艀《はしけ》に乗り移り、港内に碇泊するアメリカ号上の人となった。

空は晴れ、大気は澄みわたる。軍艦から礼砲が放たれ、その壮途を祝した。やがて碇《いかり》をあげたアメリカ号は横浜を出港、青空の下、太平洋を東へとむかう――

ここであらためて使節団の陣容を眺めると、大使の岩倉、副使の木戸・大久保・伊藤・山口のほか、大使随行、各省派遣の理事官［軍事・司法・文教・工業技術等、特定分野の調査研究を担当］とその随員、一～四等までの書記官を加えると、巻末「附録一　岩倉使節団構成員一覧」のごとく、総勢四六名の大所帯となった。

使節団のうち大使・副使・大使随行・理事官から成る本体部は、公家出身の岩倉以下、維新に功労のあった薩長土肥の実力者を中心とした藩閥色の濃い構成となっている。かたや、書記官は旧幕臣が多数を占めた。彼らはいずれも旧幕時代の外交経験者にして、海外知識が豊富で、総じて語学に堪能。そのために、旅程中しばしば「維新の意趣返し」とばかりに、長州密航留学生［いわゆる長州ファイブ］であった副使の伊藤や大使随行の野村靖を除けば対外経験がほとんどない本体部の無知を嘲笑《あざわら》うかのごとき行動にもでる。

確執多き使節団に、この壮挙を幸いと巻末「附録二　岩倉使節団同伴留学生一覧」に列記された公家、旧大名、士族の子弟から成る官費・私費留学生の一団も同行した。なかでも異彩を放ったのは、わずか八歳の津田梅子《うめこ》［女子教育の先駆。津田塾大学の前身女子英語塾を創始］をはじめとする開拓使［北海道開発・経営にあたる行政機関。東京に使庁、函館に出張所を置く］派遣の女子留学生五名である。

彼女たちはいずれも維新の敗者となった地域の出身であり、開化の実験台に立たされたことはあきらかだった。「人身御供《ひとみごくう》」という言葉も囁《ささや》かれ、稚児髷《ちごまげ》に振袖、紫メリンスの袴《はかま》といういでたちで船に乗り込むいたいけな姿は、見送りに訪れた人びとの目をひときわ引いた。

まさに呉越同舟、総勢一〇〇名を超えるアメリカ号の船中では、頑迷な保守派・攘夷派の交じる本体部と対外経験が豊かな書記官たちのあいだで、日々衝突が発生する。洋行経験組が西洋流食事作法《テーブルマナー》の図解入り心得帳を作成して配布したところ、これに反発した土佐の頑固者《いごっそう》岡内重俊はスープをするときにわざと音を立て、薩摩男児の村田経満《つねみつ》はステーキをフォークで串刺しにして口に運び、豪快に食いちぎった。

また、女子留学生に「無礼」を働いたという理由から、旧幕臣で二等書記官の長野桂次郎《けいじろう》［司法省理事官随行の長野文炳とする説は誤り］を、同じく旧幕臣で一等書記官の福地源一郎《げんいちろう》が模擬裁判にかけることを提案し、ともに長州閥の伊藤と理事官の山田顕義《あきよし》が裁判官役を務めるというひと幕もあった。

咸臨丸で有名な万延元（一八六〇）年の遣米使節団に通訳見習として一六歳で随行した長野は、女子留学生たちの不安を和らげようと、持ち前の愛想の良さで近づき、アメリカの風俗のことを面白おかしく語って聞かせた。これが彼女たちの世話役を任されていた福地の㶊《かん》に障り、いわば罰ゲームのような意味合いでこのような仕儀におよんだらしい。被告となった長野自身も「只航海中小事ヨリ訟ノ事抔アリテ、航海ノ徒々《つれづれ》ニ戯《たわむれ》ニ裁判ヲ設ケシ等ノ一奇談アリ」と他人事のような調子で日記に書き留めている。

付言すれば、福地は彼女たちが親から持たされた菓子類を「健康に良くない」という理由から、すべて海に投棄している。これには年長の吉益亮子と上田悌子をはじめ女子留学生全員が口惜しさに涙を流したという。長野と福地、どちらが「無礼」だったのか、いささかの疑念を抱くところではある。

かようなドタバタ劇を演じつつ、横浜出航から二二日が経過した。乗客たちが長い海上生活に倦《う》みはじめた頃、船尾に数羽のカモメが羽根を休め、陸地の近いことを知らせる。翌朝、混雑する食堂で書記官の田辺泰一［太一：旧幕臣］が一同に告げた。「本船は明日払暁《ふつぎょう》サンフランシスコに入港の予定なり。本日中におのおの下船の準備を整えるべし」と。

日本の近代史に燦然《さんぜん》と輝く冒険旅行の幕が、まさにあがろうとしていた。

## 三、書記官久米邦武の仕事

この壮麗な冒険旅行の公式報告書として刊行されたのが『実記』である。冒頭の例言に曰《いわ》く、「大使公務ノ餘、及ヒ各地回歴ノ途上ニ於テ總テ覧觀セル實況ヲ筆記ス、是ヲ以テ回覧實記ト名《なづ》ク〔本書は大使が公務の後、および各地の旅の途中で観覧した実状のすべてを記録した。そこでこれを『回覧実記』と名付けた〕」と。

実際、使節団の行程にそって年月日順に、歴訪各国の風土や政治形態をはじめとして、視察した産業施設、各種学校、宗教関連施設、軍事機関等の実態、あるいは公務の合間に見学した名所旧跡が、ときに数値データや由来の究明、さらには日本の近代化に照らした指標探索もまじえながら、流麗にして格調の高い漢文調でつづられている。「文明諸國ノ一斑ヲ國人ニ觀覽セシメン〔文明諸国の状況の一部でもわが国の人に見せたい〕」との思いから、現地で入手した絵葉書等をもとに作成された三〇〇有余の細密な銅版画も彩りを添える。

小さな新生国家の命運を託された使節団の旅は、驚愕、困惑、羨望、焦燥の連続。その成果を細大もらさず記述した『実記』は、まさに近代日本のオデュッセイア〔ホメロス作とされる古代ギリシアの長大な英雄叙事詩」と呼ぶこともできよう。

同書をひもとけば、畏怖《おそれ》と憧憬《あこがれ》という、西洋文明に対するふたつの精神を見事に融合させながら、「万国対峙に必要な近代的統一国家をいかにして構築するのか、そのためにいかなる青写真を先進欧米諸国に求めるべきか」という国家存立の問題に、強靭《きょうじん》な使命感と責任感を抱いて真っ向から挑んだ指導者たちの姿が鮮やかによみがえる。

それゆえに、いまなお内外から「日本人の海外視察の記録としては、今日にいたるまでおそらくもっとも広汎で、もっとも綜合的で、もっとも深く、世界各国の文化の根底に触れた記録」（加藤周一「日本人の世界像」『近代日本思想史講座 8』）、「近代西洋社会に対する明治期エリートの体験的摂取と反省の記録として、まさに空前絶後の記念碑的作品」（芳賀 徹『明治維新と日本人』）、「西洋大事典と言ってもおかしくない驚異的な大作」（ペーター・パンツァー『日本オーストリア関係史』）という高い評価を受けている。

明治一一年一〇月東京銀座博聞社より刊行された『実記』は、図版17のように黒褐色クロース洋装で全五編五冊・一〇〇巻からなり、各冊の大きさは横一五センチ、縦二〇・五センチ。第一編から第五編までの各冊に編数が記され、奥付には「太政官少書記官久米邦武編修」とある。そう、使節団の冒険実録を編んだのは、大使随行のひとり久米邦武《くにたけ》（図版18）なのだ。

久米は、天保一〇（一八三九）年七月一一日、佐賀藩士久米邦郷《くにさと》・和嘉《わか》の三男として生まれた。藩の財政担当であった父の影響で、早くから経済と歴史に関心を寄せる。安政元

図版17　『米欧回覧実記』全五編

図版18　久米邦武

（一八五四）年藩校の弘道館に入学、一歳年上の大隈八太郎のちの重信と出会い、終生の知己となった。鍋島直正にその学才を愛された久米は、世継《よつぎ》の鍋島直大《なおひろ》が弘道館を訪れたとき、首席として『論語』を進講している。

明治元（一八六八）年弘道館教諭に抜擢され、翌二年の府藩県制の実施にともない佐賀県権大属となり、藩政改革の立案にあたった。廃藩置県後は鍋島家の家扶《かふ》［華族の家政を取り仕切る職］として上京するが、使節団派遣の決定にともない、太政官権少外史として大使随行を拝命した。

この人事は使節団出航のわずか一週間前、明治四年一一月五日に発令されたが、そこには国学者か漢学者を団員に加えたいという岩倉の意向が働いたようだ。この時期、太政官の文部大輔・左院副議長を務める佐賀閥の江藤新平（図版19）が久米を岩倉に推挙し、これを受けた岩倉が鍋島直大の留学と併せて久米も随行さ

図版 19　江藤新平

せることを決定した、といわれる。

　こうして、久米はあわただしく洋行の準備を済ませ、使節団の大使随行として、アメリカ、ヨーロッパを歴訪する旅にでた。すでに述べたように、使節団は条約改正の予備交渉と各国視察というふたつの使命を帯びていたが、久米は前者にほとんど関与していない。久米がかかわったのは後者、すなわち、欧米各国の状況視察とその記録である。のちに久米自身がしたためた履歴書にも、左の一文がみられる。

「米國ヘ渡航シ、〔明治四年〕十二月八日正七位ニ敍ス。桑港《サンフランシスコ》ニ於テ大使付屬樞密記録等取調ヘ兼テ各國宗教視察命セラル。五年八月三日英國倫敦《ロンドン》府ニ於テ使節紀行纂輯専務ニ心得、（略）取調ヘヲ命セラレ（略）」

〔アメリカに渡った明治四年一二月八日、正七位に叙せられた。サンフランシスコで大使随行の枢密記録の取調べと歴訪各国の宗教にかんする調査を命じられる。明治五年八月三日、イギリスのロンドンで使節団紀行編纂の専任者として（略）調査をおこなうよう命じられ（る）〕

明治四年一二月六日、使節団はアメリカ西海岸の港都サンフランシスコに上陸、市街を馬車で移動し、宿泊先のグランド・ホテルに到着する。そのとき岩倉は、大都市の威容に圧倒されながらも、フルベッキが出発前の使節団首脳に提出した「大使一行ノ回歴シタル顚末ヲ著述スル法」をあらためて読み返したのではないか。

その主旨は「使節団のすべての高官、とくに書記に、みずからの見聞のすべてを詳細に記録させ、各部門についてできるだけ、多くの情報を筆写ないし印刷物のかたちで入手せしめること。そうすれば彼らの帰国後、政府は必要と思えば、その使節団のすべての成果を、国民の一般的な利益と啓発のために、編集・刊行することができるであろう」というものであった。

岩倉がこのフルベッキの主張を「もっともである」と認めたことは、『実記』例言にある左の一文にはっきりと表れている。

「西洋ノ通義ニ、政府ハ國民ノ公會ニテ、使節ハ國民ノ代人ナリトス、各國ノ官民、我使節ヲ迎ヘテ、懇親ノ意ヲ致スハ、即《すなはち》國人ニ懇親ヲ致ス所ニテ、其生業ノ實況ヲ示スハ、即國人ニ愛顧ヲ求ムル所ナリ、故ニ岩倉大使深ク之ヲ敬重シ、以謂《おもえら》ク吾使節ノ耳目スル所ハ、務メテ之ヲ國中ニ公ニセサルベカラス」

〔西洋では、政府は国民の公的機関であり、使節は国民の代理者であるとされる。各国の官民が、わが使節を親切丁寧に迎えたのは、つまりはわが国の国民と親しくなりたいためであり、その産業の状況をそのまま見せてくれたのは、つまりはその産物をわが国民に愛用してほしいからなのである。そこで岩倉大使はこの待遇の懇切さを尊重して、わが使節が見聞したことについては、これをできるだけ広く国民に知らせなくてはならないと考えた」

こうして岩倉は、久米と畠山義成《よしなり》〔薩摩閥。幕末に密航留学生として渡英後、アメリカのラトガース・カレッジを卒業。太政官より召喚命令を受けるも帰国せず、アメリカで三等書記官を拝命して使節団に合流する〕に対して、「常ニ随行シテ、回歴覧観セル所ヲ、審問・筆録セシメタ〔常に自分に随行し、視察したことについては調べて記録することを命じた〕」のである。

久米と畠山の苦労はしかし、並大抵ではなかった。これについては、『実記』例言で左のように語られている。

「邦武此ヲ筆記スルニアタリ畠山氏ト意ヲ協《あわ》シ、暇《いとま》アレハ人ニ質問シ、書ニ撿閲シ、詳備ヲ務メタレ𪜈、奈何セン回歴殆ト虚日ナク、晨《あした》ニ出テ夜ニ帰リ、鉛筆艸艸《そうそう》ニ記臆ヲ留ムルサヘ、時ニハ暇ナキヿ《こと》多ク、銕路途上ノ如キハ、駿走ノ間ニ要地ヲ瞥過スレハ、實ニ審問ニ麁漏《そろう》ナルヲ免レス、復命ノ後ニ、再三校訂ヲ加ヘ、理、化、重、諸科、統計、報告、歴史、地理、政法等ノ書ニ覧シ、且各理事官ノ理事功程中ヨリ抄録シ、或ハ各都府ニテ、博士聞人ニ親炙《しんしゃ》シタル談ヲ討聚シ、類ニ觸《ふ》レテ論説ヲ加ヘ、時ニハ各人各書ノ語ヲ、己ノ辭《じ》ニテ闘縫《とうほう》シタル文モ多シ、固《もと》リ皆之ヲ架空ノ臆説ニ結構シタルニアラサレハ、其中ノ異聞ハ、亦本文ト相發スルモノモ少カラサルヘシ」

〔私〔久米〕はこの記録を作って行くのにあたって畠山氏とも相談し、時間があれば人に質問し、書物にあたり、できるだけ詳しく準備しようとしたが、なんと言っても旅程にはほとんどゆとりがなく、早朝に出掛けて夜帰り、鉛筆の走り書きで覚書を作る暇さえないことも多く、鉄道による旅などでは猛スピードで要地を、ちらりと見るまに通過してしまうというありさまで、質問も疎漏にならざるを得なかった。帰国して再三校訂を加え、また、物理、化学、機械関係の諸学、統計、公的なレポート、歴史、地理、政治、法律などの本を参照、また各理事官の報告である『理事功程』も参考にし、さらに各都市で専門家たちから親しく聞いた話なども集めて論説の材料とした。時には、人の話や書物にあることを自分の言葉で綴り合わせたような文章も多い。もちろんこれらは架空な憶測などから構成した論説ではないので、その中にある珍しい情報もまた、本文のそれを補足しうるものとなっているであろう〕

ただし、帰朝後の久米が『実記』執筆に専念できる時間と環境を十分に確保できたかどうかは、いささか疑問である。明治七年に太政官外史の記録課長となり、政府法令集『法例彙纂《いさん》』の編輯を担当。翌八年二月大使事務局書類取調御用を拝命し、使節団の残務処理にあたる。五月太政官少外史に昇任、九月には従六位に叙され、太政官権少史となった。

文官として多忙を極めたことに加え、思わぬ事故《アクシデント》もあった。じつは使節団が現地から太政官宛に送った文書・報告書類が、明治六年五月五日の皇居火災によって烏有《うゆう》に帰していたのだ。けれども、久米はこれらの障害にも挫《くじ》けず、巻末「附録四　参考・引用文献一覧」岩倉使節団一次史料表のなかの理事官報告書『理事功程』と左院視察団報告書『視察功程』、そして自身が現地でとった備忘録《メモ》（図版20）や購入した洋書を精査。そのうえで、少なくとも一〇回以上の推敲と改訂・増補を重ね、太政官提出時には九三巻であった報告書を、刊行時には全一〇〇巻として世に送りだした。

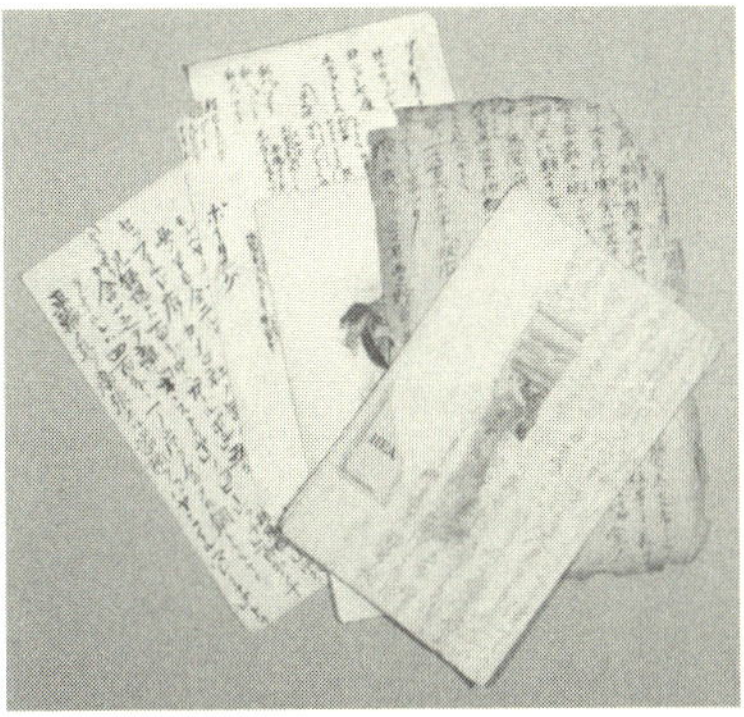

図版20　久米邦武の現地メモ類

つまり、久米が卓越した情報処理能力と洞察力を駆使し、ほぼ単独で編述した作品が『実記』なのである。その網羅する範囲は、政治・産業・軍事・教育・宗教・社会・文化・思想等の具体的事象から国家原理のごとき抽象まで、ありとあらゆる分野におよぶ。

そこに久米の感性《センス》も加味される。すなわち、全巻をとおして、主観的評価による論説と客観的事実にもとづく実録を峻別《しゅんべつ》し、前者では比較文明論の視座から欧米と日本の相違を起源にさかのぼって分析しつつ、後者では経済の観点から富強・殖産に至る道筋をあきらかにした。

三〇代後半の文官が発揮した編纂の才は尋常でなく、記録文学史上の奇跡ともいえる。就中、後世の知的好奇心を喚起し続けてきたのは、一九世紀後半の欧米で花開いた科学技術をめぐる、驚くほど微に入り細にわたる記述ではないだろうか。これはまさに『実記』をひもとく者が味わう醍醐味のひとつといえる。

とはいえ、久米自身はあくまでも一個の漢学者であり、科学者《サイエンティスト》あるいは技術者《エンジニア》ではなかった。『実記』を近代日本の科学技術史のなかに位置づけることのむずかしさは、まさにこの点に求められる。

詳細にすぎる知識はしかし、ときに感性の自由な働きを抑える。久米が仮に科学者か技術者であったならば、『実記』の専門学術書としての価値は高まったかもしれぬが、後世において立場の如何《いかん》を問わず、読み手を魅了する文学的な作品にはなりえなかったのではないか。

よって、「日本の一識者が見聞し学習し考察して編述した一八七〇年代米欧科学技術の総括文献」（髙田誠二『維新の科学精神――「米欧回覧実記」の見た産業技術』）とする評価に、異論をはさむ者はいないであろう。

さて、ここで本書が主題とする電気通信について眺めると、さすがに鉄道と並び称される西洋文明の花形的存在だけあって、『実記』には歴訪各国の電信事情にかんする報告と分析、そして慧眼にもとづく卓見が、随所にちりばめられている。

久米は「満地球ニ管係ヲ及ホス〔世界中をつなぎあわせる〕」ような「營業力〔経済力〕」を養うことが、アメリカ、イギリス、フランスのごとき大国、あるいはプロイセンのような強国になるための条件とみた。

さすれば、時空の制約を克服し、「世界ノ事ハ、猶之ヲ掌《たなごころ》ニミル〔世界中の情報が掌中にある〕」ことを可能にする電信は、新生日本が列強に伍し、地球規模で展開される経済システムに参入するための必須道具《アイテム》にほかならない。『実記』第二十五巻「倫敦府ノ記　下」の論説には、左のような記述がある。

「西洋ニ電氣信ヲ傳フノ術ヲ發明シテヨリ、其電線ヲ用フルヿ、我邦製鈴縄ニ齊《ひと》シ、一室ノ内モ、各國各都ノ間モ、一線ヲ繫キテ意ヲ達ス、故ニ市街ノ間、電線ハ蜘蛛ノ網ニ彷彿《ほうふつ》タリ」

〔電気によって通信する技術が発明されて以来、西洋においては、まるでわが国の鈴紐のように電線を使っている。部屋の中でも、各国の都市間も、線をつなぎさえすれば意思を伝えられるのである。そこで市街の間はまるでクモの巣のように電線が張りめぐらされている〕

これはおそらく、さきに引いた『西洋事情』初編の「現今西洋諸國ニハ海陸縦横ニ線ヲ張ルヿ恰モ蜘蛛ノ網ノ如シ」という一節を踏まえたものと考えられる。

使節団には太政官の各省より選抜された理事官とその随行員が含まれていた。当時、電信事業を管轄した工部省は、理事官の選抜にあたり、電信機の調査にいち早く取り組んだ江川太郎左衛門の高弟肥田為良《ひだためよし》を指名している。

そのうえで同省は、巻末「附録四　参考・引用文献一覧」岩倉使節団一次史料表中の『肥田為良・吉原重俊・川路寛堂・杉山一成報告理事功程　全一冊』にもあるとおり、蒸気機関車・蒸気船の製造方法と製造工場の経営方式を研究調査事項に定めた。

電信が研究調査事項に明記されなかったのは、使節団派遣当時において、電信架設のほうが鉄道敷設よりも進捗が速かったためであろう。逆にいうと、鉄道網の整備は「まさにこれから」というところであった。そして、工業化の拠点となる近代的な製造工場の建設も……。実際、肥田は最初の訪問国アメリカにおいて、現地の人びとが驚くほど精力的に工業施設を巡察している。

とはいえ、研究調査事項の選定基準は、せいぜい程度の問題にすぎない。使節団派遣構想の段階では、電信も研究調査事項にあがっていた。また、工部省がすでに欧米各国に送り込んでいた留学生の修学科目にも「電信法〔電信技術〕」が含まれている。

鉄道敷設や工場建設に較べて電信架設の進捗が順調であったとしても、それはあくまでも「後進国における近代化の過程に照らすと」という但し書を付してのことであり、欧米列強を近代化の指標に置けば、やはり電信線路のさらなる整備と拡充も喫緊の課題であることに変わ

| 国　名 | 年月日 | 見　聞　・　体　験　事　項 |
|---|---|---|
| アメリカ | 明4.12. 6 | サンフランシスコ入港時、砲台に電信柱が立ち並ぶさまを目撃。 |
| | 12.14 | ウェスタン・ユニオン電信会社サンフランシスコ局を訪問。岩倉大使がワシントンにいる国務長官フィッシュ、電信の発明者モールス等と交信。 |
| | 12.17 | 鉄道管制用電信を介してロッキー山脈の大雪を知り、サンフランシスコ出発を延期。 |
| | 明5. 1.19 | シカゴ市街で電信線が中空を交錯している光景を目撃。 |
| | 3.18 | ワシントンの陸軍付属電信局を視察。 |
| | 3.23 | ワシントンの中央郵便局を視察。 |
| | 5.26 | ニューヨークのブロードウェイにあるウェスタン・ユニオン電信会社本社を訪問。クリーヴランド、ワシントンと交信。 |
| イギリス | 明5. 8.16 | ロンドンのシティにある中央電信局と郵便局を視察。 |
| フランス | 明5.11.22 | パリに滞在中、国際電信網にて英国弁務使寺島宗則より「留守政府が改暦を実施」の電報が到着。 |
| プロイセン［ドイツ］ | 明6. 3.14 | ベルリンにあるジーメンス社の電気機器製造工場を視察。 |
| | 3.18 | ベルリン陸軍電信寮を視察。 |
| | 3.28 | 国際電信網を介して、大久保・木戸両副使の帰国命令電報が到着。 |
| デンマーク | 明6. 4.20 | コペンハーゲンにある大北電信会社において使節団の歓迎会開催。 |
| スイス | 明6. 7. 9 | 国際電信網を介して、ジュネーブに使節団の帰国命令電報が到着。 |

明治6年1月1日以前は旧暦、以降は新暦にて月日を記載。

図版21　岩倉使節団の電信見聞・体験録

りはなかった。

図版21は、使節団が歴訪各国で見聞したり体験したりした電信事情を略年表のかたちにまとめたものである。次章以降は、年表中の出来事のなかから、とくにアメリカ、イギリス、プロイセンにおける場面を切りとり、それらが使節団帰朝後の我が国電気通信行政の展開に及ぼした影響をあきらかにしていこう。

# II　モールス電信発祥の地で

鉄道は当時（一八五〇年代――引用者）、単線であった。そのころはまだ電信によって汽車の運転を指令するのは広く行われていなかったが、時には電信で連絡をとらなければならぬことがあった。監督官の他は誰も指令を下すのは許されていなかった。（中略）鉄道管理というのはまだ実に幼稚な時代であって、従業員はまだよく訓練されていなかったため、電信で指令を出すというのはあぶない手段方法であった。

――アンドルー・カーネギー『カーネギー自伝』より

## 一、『実記』が描く電信の発展

使節団最初の訪問地となったのは、情報通信史上最も重大な革新を起こしたアメリカ合衆国。さきに紹介したモールスの電信法は、現在、ＩＴの主流を占めるデジタル方式の起源ともなった画期的な発明である。

このことについて、『実記』第十九巻「紐育《ニューヨーク》市之記」は左のように記す。

「電信線ハ今ヨリ二十八年前ニ、當州ノ『モール』氏、華盛頓《ワシントン》府ヨリ、『ボルチモール』マデ三十六英里ノ距離ニ、銕道ノ傍ヘ架シタルヲ其開始トナス、此頃ニ電氣ニテ通信ヲナスヿ《こと》ハ、歐洲ニ於テモ、種種ニ工夫ヲナシ、其前後ニ色色ト、電信線或ハ之ニ似タルモノヲ架設セルヿアリテ、此業ノ開始ハ何國ナルヤ、定論ハナケレ𪜈《ども》（中略）此頃ニ各國ニテ發明ノ電線如此ニ種種ナレ𪜈、「モール」氏ノ發明セル装置、尤《もっとも》善美ナルヲ以テ、今ハ各國共ニ十ニ八九ハ採用シ、（中略）是電信ノ架設ヲ米國ノ發明ト云フ所以ナリ」

〔有線電信はいまから二八年前〔一八四四年――引用者〕、ニューヨーク州の（サミュエル・F・

B・）モース［原文は「モール」。モールスのこと――引用者］氏がワシントン市からバルチモア市まで五八キロほどの距離、鉄道のそばに架設したのが最初である。電気で通信することについては、ヨーロッパでもいろいろと工夫し、モースの仕事の前後に電信線類似のものをさまざま架設したこともあって、この事業を最初に手掛けたのがどの国であるのか、定説はない。しかし、（中略）この時代に各国で電信の発明を種々行ったけれども、モース氏の発明した装置が最もすぐれていたので、いま、各国の十中八九はこれを採用しており、（中略）電信は米国の発明だと主張するゆえんである」

ここで気になるのは、「欧洲ニ於テモ、種種ニ工夫ヲナシ、其前後ニ色色ト、電信線或ハ之ニ似タルモノヲ架設セルコトアリ」という一節ではなかろうか。

ヨーロッパでの絵画修業を終えたモールスが、アメリカにむかう定期客船内で催された電磁石の公開実験にヒントをえて、電気を利用した新たな通信方式の開発を思い立ったのは、一八三二年一〇月末のこと。それから一二年を経た一八四四年五月二四日、モールスは自作した電信機の公開実験（図版22）を実施した。ワシントン国会議事堂からモールスの打電した「神の御業なり（What hath God Wrought）」という旧約聖書の一節が、中空に架け渡された導線を伝って、ボルチモア鉄道駅に届く。すぐさま助手のアルフレッド・ヴェイル（Vail, Alfred）が、同じ一節をワシントンのモールスに返電した。史上初のデジタル通信が産声《うぶごえ》をあげた瞬間

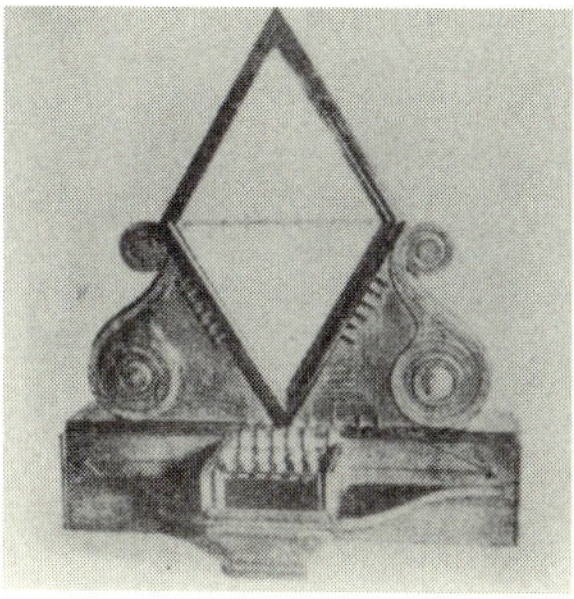
図版 23　五針電信機

図版 22　モールスの電信公開実験

である。
ところがその頃、大西洋を隔てたヨーロッパでは、全く趣きを異にする電信機が開発されていたのだ。ここでその概略を記しておきたい。
モールスが船上で新たな通信方式の啓示をえた一八三二年、ベルリン駐在のロシア外交官ポール・フォン・カンスタット・シリング（Schilling, Paul von Canstadt）は、五本の信号線と一本の制御線によって六本の磁針を動かし、それらが振れる順序に応じて文字を割り当てる通信機を製作する。
一八三六年、シリングの装置に感銘を受けたイギリスの退役軍人ウィリアム・クック（Cooke, William Fothergill）は、キングズ・カレッジ教授チャールズ・ホイーストン（Wheatstone, Charles）の協力を仰ぎ、図版23のような五針電信機［菱形文字盤にアルファベットを配列し、盤の中央部に電導線とむすばれた五本の磁針を水平に取りつける。そして、送信側が導線のうち二本に電流を流して動かし、受信側は二本の磁針が交差して示す文字を読

図版24　ブレゲ指字電信機

みとっていく装置」を開発、翌三七年に特許を取得した。グレート・ウェスタン鉄道（Great Western Railway）がただちにこの電信機をパディントン—ウェスト・ドレイトン間約二〇キロメートルでの列車運行の調整に採用、世界初の電信による鉄道管制業務を開始した。

また、フランスの時計職人ルイ＝クレメント・ブレゲ（Breguet, Louis-Clement）は、一八四二年にその卓越した時計製造技術をもちいて、精巧で実用性の高い文字盤式通信装置＝ブレゲ指字電信機を開発する。図版24のように、送信機・受信機はともに時計に似た形状であり、送信側が送信機の取っ手《レヴァー》を回して送りたい文字を指定すると、電気が流れて受信機の針が送信側の指定した文字の位置に動く仕掛けである。

おわかりであろうか。ヨーロッパでは文字そのものを伝達する、いわゆるアナログ方式が電信機の主流となっていた。

その利点《メリット》は、操作がすこぶる簡単なことである。識字者ならば誰もがすぐにあつかえる。が、指針の作動に大量の電気を消費しながら、通信速度は一分間に五～六文字程度と遅く、長文を送受するには膨大な時間がかかった。そのために、集中力の欠如を招き、送信側での文字・行の飛ばしや受信側での見落としが頻発する。

こうした欠点《デメリット》を抱えていたことから、電気消費量が少なく、通信速度も速いモールスの電信機がその誕生地アメリカだけでなく、ヨーロッパ諸国でも次第に普及していくこととなった。

一八六八年七月開催の万国電信連合会議［一八六五年五月にプロイセン、オーストリア、フランス、ロシア、トルコ、オランダ、イタリア等二〇ヵ国の代表がフランスの首都パリに参集して万国電信条約に調印し発足］は、図版2に示したモールスのオリジナル符号を改良し、送受信時に間違いやすい特定の文字・数字の符号配列に工夫を施したコンチネンタル・モールス符号を標準型符号《スタンダード・コード》として採択。こうしてモールス電信機が国際標準機種《インターナショナル・スタンダード・タイプ》となっていく。

ちなみに、使節団一行はこのあとアメリカからイギリスに渡り、ロンドンの電信寮を見学することになるのだが、『実記』第二十五巻「倫敦《ロンドン》府ノ記 下」には、電信の主流がアナログ方式からデジタル方式に切り替わりつつあることをうかがわせる記述がある。

「電信ノ器ハ種種アリ、或ハ字ヲ指シ、或ハ符號ノ點法、若クハ畫線ヲ、長棧《ちょうさん》ノ紙ニ切リ出シ、或ハ文字ヲ印シテ出ス等、種種ニ發明ヲ異ニシタレ𪜈、各一得一失アリト云」

〔電信機にはいろいろな種類がある。字を指し示したり、あるいは電信符号の点と線を長い紙テープに打ち出したり、あるいは文字をプリントして出すものなど、いろいろ発明されているのだが、それぞれに一長一短があるらしい〕

明治政府は国土全域にわたる電信線路の整備を近代国家の建設に必須の事業と位置づけたが、明治二年一二月の電信創業からしばらくは、ブレゲ指字電信機を採用している。モールス電信機への全面的な切り替えが実施されたのは、使節団出発直前の明治四年一〇月のこと。「なにごとも、まずは国際基準に合わせるべし」というのが、文明開化を掲げた明治日本の信条《モットー》であった。

ところで、『実記』を編むにあたり久米が貫いた流儀は、科学技術に限らず、実地見聞したあらゆる西洋文物の原理や本質を、その起源にまでさかのぼって究明するというものだ。『実記』第十二巻「華盛頓《ワシントン》府ノ記 中」には、

「米人自《みずから》ヲ誇リ、器械ニ至リテハ、世界ニ獨歩ナリト云、其首トシテ數《かぞ》フモノハ、第一ニ蒸氣船、第二ニ電氣法ト指ヲ屈《かが》ム」

〔アメリカ人は機械に関しては世界一だと自ら誇るが、その中でも最大の発明はと言えば、第一に蒸気船、第二に電気の利用法だといって指折り数える〕

とあり、そのうちの電気の発見と実用化の歴史については左のように語られる。

「『エレッキ』説ノ起《おこ》リハ、最久シキ時代ニハシマレリ、紀元前七百年代ニ、希臘《グリーキ》ノ理學士ニ、琥珀《こはく》ノ内ニハ、不思議ナル性アリテ、之ヲ摩擦スレハ氣ヲ起シ、摩擦ヲヤムレハ、其氣マタ琥珀ノ内ニ収リ入ル、此時ニ輕細ナル物ヲ近クレハ、夫ヲ幷《あわ》セテ琥珀ノ面ヘ吸ヒ付ルト説キタルヿ《こと》アリ、何ソ知ラン、是正シク『エレッキ』作用ニテアリシヲ（中略）一千七百年代マテ、色色ト此氣ヲ収メ蓄ヘル、器械ヲ工夫シ、此頃ヨリ蓄電器ヲ種種ニ製シ出セリ（中略）一千七百三四十年ノ比ニ、獨逸《ドイツ》ノ『ライトン』ニテ、製シ出セル蓄電瓶、尤モ良ニシテ、後世マテ世ニ用ヲナシタリ、來頓《ライトン》瓶ト云モノ是ナリ、米國ノ大博士『フランクリン』氏ハ（中略）電氣ノ經驗ニ付テ、日録ヲ著セリ、其證明セル確論二十个條アリ、其説ニテ始テ此氣ニ消極積極ノ兩様アルヿヲ悟リ、又空中ノ雷霆《らいてい》モ、同ク『エレッキ』ノ作用ナルヿヲ悟レリ（中略）湿電ノ發明ハ、以太利《イタリヤ》人『ガルバニ』氏ノ發明ヨリ起ル、電信線ノ仕掛ハ、尤モ近代ニ起リテ、各國發明アリシ中ニ、仏國ヨリモ褒典ヲ受シ、米國ノ學士『モールス』氏ノ器械、大用ヲ著シヌ」

〔電気についての学説の起源は随分昔に始まっている。BC七〇〇年代、ギリシャの学者（ターレス）が、琥珀には不思議な性質があって、摩擦するとあるエネルギーが発生し、摩擦をやめるとそのエネルギーが琥珀の中に引っ込んでしまうこと、そのエネルギーが発生しているときに軽く小さなものを琥珀に近づけると、琥珀はそれを吸い付けることを説いたことがある。その不思議なエネルギーこそは、まさしく電気の力だったのである。（中略）一七〇〇年代までに、電気を蓄える機器が工夫され、さまざまな蓄電器が作り出された。（中略）一七三〇年から四〇年頃にオランダ［右本文では「獨逸」――引用者］のライデンで作られた蓄電瓶が最もすぐれており、のちのちまで広く使われた。ライデン瓶と呼ばれるものである。アメリカの大学者ベンジャミン・フランクリンは（中略）電力について経験にもとづいた日記を出版している。彼が実証した電気に関する原理は二〇あるが、電気というものにプラスとマイナスがあることをはじめて知ったことや、空中の雷もまた電気の作用であることを知ったことなどをその中で述べている。（中略）電流の発見はイタリア人ルイジ・ガルバーニの研究が発端である。有線による電信はさらに近代のことで、各国でさまざまな発明が行われたが、その中でもアメリカのモース電信機は、最も広く使用されるシステムとなり、フランスからの褒賞も得た」

ここでは省略したが、久米はフランクリンが嵐の日に凧《たこ》を使って雷の発する電気をライデン瓶に蓄電したという有名な逸話《エピソード》を、かなりの分量《ボリューム》で紹介している。不正確な解釈も散見されるが、それらは久米が科学者でも技術者でもなかった、という平凡な事情によるものであろう。だが、逆にいうと、久米は西洋技術に畏怖と憧憬を抱く後進日本の一知性にすぎなかったからこそ、西洋技術の根底に宿る合理性を、回覧旅程中ならびに帰朝後の真摯な観察と学習によって『実記』のなかに活写できたのではないか。

電信については、蒸気機関とともに、「世界ニ利益ヲ与ヘ、無量ノ實効アルモノ〔世界に利益をもたらし、限りない実用性を持つもの〕」と評価し、『北亜米利加洲合衆国ノ部』全二〇巻の随所に、その利用の実際を記録している。

まずは、『実記』第三巻「桑方西斯哥《サンフランシスコ》ノ記 上」〔原本の本論部では「桑方斯西哥ノ記 上」となっているが、例言の目次には「桑方西斯哥府ノ記 上」と記載されている。また、本論部の第四巻は「桑方西斯哥ノ記 下」となっている。そのために、ここでは本論部の第三巻頭を「桑方西斯哥」と改めた。以下も同様とする〕を引こう。アメリカ号が金門《ゴールデンゲート》を通過し、サンフランシスコに入港した折、使節団一行は「四段ソナヘノ方臺《ほうだい》アリ、其背ニ高岡アリ、土塢《どお》ヲ胸壁トナシ、隠シ臺場アリ、其谷中ニハ兵屯ノ營所ヲ作リ、電信杭ヲ連ヌ〔煉瓦で築いた四段の方形の台があり、その背には高い丘がある。土手を胸壁とし、砲床が隠されている。谷の間に兵士たちの兵舎があり、電信柱が並んでいる〕」光景をみた。

このあとアメリカ号が日の丸旗を掲揚して入港する際、「金門ヨリハ、電線ニテ市廳《しちょう》及ヒ我領事ニ報知シ、『アルカドラス』島前ヲ過ル時、島上ヨリ十五發ノ祝砲ヲ打出シタリ〔ゴールデンゲートからは電信で市庁とわが領事館に知らせ、アルカトラス島の前を通過するとき、島から一五発の祝砲が発射された〕」とある。一行がアメリカの地で最初に出会った文明の利器は、電信ということになろう。

また、『実記』第七巻「落機《ロッキー》山鐵道《てつどう》ノ記」を読むと、大陸横断鉄道〔ユニオン・パシフィック鉄道〕で「落機大山脈〔ロッキー山脈〕」越えをした際、大雪による運行不能に見舞われて

図版25　ロッキー山脈線路沿いに立ち並ぶ電信柱

「ソールトレイキ、シチー〔ユタ州ソルトレークシティ〕」で二週間足止めされたが、路線の復旧状況を逐一駅に伝えてくれたのは、線路沿いの中空を走る電信線であった。単線路による鉄道運行は、電信をもちいた各駅間での列車発着時刻の調整によって、安全性を担保せざるをえなかったのである。

実際、ロッキー山脈越えの車窓より眺めた詩情豊かな描写のなかには、「土色ハ黄黒ニテ、疎々ニ草ヲ生シ、一樹ダニミエサル、漠々ノ曠野ナリ、時々ニ雪覆《スノウセット》ヒノ中ヲスキルノ外ハ、目ヲ遮《さえぎ》ル人家モナク、只電信杭ヲ鐵路ノ傍ニ連ネタルヲ見ノミ〔土の色は黄色味を帯びた黒で、草がまばらに生え、木は一本もない漠々たる荒野である。時々スノーシェッドをくぐるほかは目をさえぎる人家もなく、鉄道に沿って電柱が立ち並んでいるのを見るばかりである〕」と、電信が鉄道と寄り添うように、北米大陸最大の難所にまで延びていることが、銅版画（図版25）とともにさりげなくつづられている。

陸運・水運の要衝イリノイ州シカゴの様子を記した『実記』第八巻「市高俄《シカゴ》銕道ノ記」では、「電線ノ交錯最モ多ク、殆ト一百線多クアリ、又集リテ四方ニ分ル、宛《えん》トシテ蛛網《ちゅうもう》ノ如シ

〔電線の交差していることはこの街が最も多く、ほとんど一〇〇本にも上る電線が集まって来てまた四方に散っているさまは、まるでクモの巣のようである〕」という異景を書きとめ、これも抜かりなく銅版画（図版26）に残した。

そして、『実記』第十三巻「華盛頓府ノ記 下」では、「電信線ノ發明ニテ、千里ノ間モ、頃《けい》刻《こく》ニ問答スヘシ、郵便ノ法備ハリテ、遠隔ノ地モ、数日《すうじつ》ニ信書ヲ取換スヘシ、早飛脚ノ仕組ニテ、奴丁ヲ労セス、物ヲ遠地ニ送致スヘシ〔電信機の発明によって、何千キロ離れていてもただちに会話ができる。郵便制度が完備したため、遠く離れた土地とも数日で手紙のやりとりができる。急行宅配便のシステムによってわざわざ使いのものを出さなくても物品を遠くに送ることができる〕」と、広大なアメリカ国土を縦横に走る近代的な通信・逓送《ていそう》網の利便性を称えている。

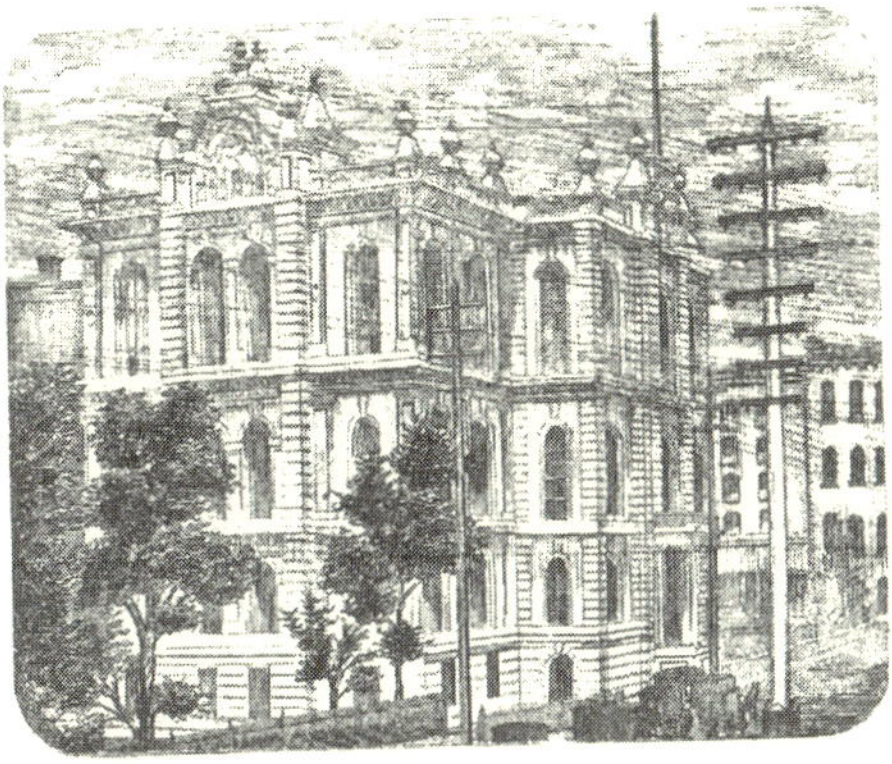

図版 26　シカゴ市街の中空に交錯する電線

アメリカが世界に誇るモールス電信――使節団の人びとは、時差をともなうほど東西に長い北米大陸で、あらためてその効用を実感した。そのうえ、彼らの一部はサンフランシスコにおいて、情報通信史に残る貴重な体験をする。

## 二、岩倉具視とモールスの交信

明治二年一二月の電信創業を皮切りに、明治政府は国内電信線路の整備と拡充を着々とすすめた。使節団出発前の明治四年六月には、デンマークの大北電信会社が上海―長崎間の海底電信線路を敷設している。使節団派遣後も、留守政府が北海道より九州に至る列島縦貫電信線路の完成を急いでいた。

かかる状況を考えると、明治政府の中枢に身を置く使節団の人びとは、電信の発展に限っていえば、欧米先進諸国に対してさほど気後《きおく》れせずともよかったのではないか。

サンフランシスコ到着の八日後、明治四年一二月一四日夜にグランド・ホテルで催された大歓迎会の席上、副使の伊藤が自慢の英語でこころみた一場の演説――後世「日の丸演説」の名で語り継がれる――は、このことを裏づけている。

“To-day it is the earnest wish of both our Government and people to strive for the highest points of civilization enjoyed by more enlightened countries. (omission) Within a year a feudal system, firmly established many centuries ago, has been completely abolished, without firing a gun or shedding a drop of blood.（omission）Japan cannot claim originality as yet, but it will aim to exercise practical wisdom by adopting the advantages, and avoiding the errors, taught her by the history of those enlightened nations whose experience is her teacher.（omission）In the Department of Public Works, now under my administration, the progress has been satisfactory. Railroads are being built, both in the eastern and western portions of the Empire. Telegraph wires are stretching over many hundred miles of our territory, and nearly one thousand miles will be completed within a few months. Light-houses now line our coasts, and ship-yards are active.（omission）The red disk in the centre of our national flag shall no longer appear like a wafer over a sealed empire, but henceforth be in fact what it is designed to be, the noble emblem of the rising sun, moving onward and upward amid the enlightened nations of the world."

〔いま日本の政府と人民の切なる希望は、先進国が共有する文明の最高点に到達することです。（中略）数百年にわたり強固な支配を築いてきた封建制度は、一発の弾丸も放たず、一滴の血も流さずに打倒されました。（中略）日本は創造性の面でなおも後《おく》れをとっていますが、文明諸国の歴史を教師として、良きところを摂取し、誤ったところは排して、現実的な良き知恵を獲得したいと願う次第です。（中略）私が管轄する工部省でも、長足の進歩がみられます。鉄道は日本の東西に敷設されつつあり、電信は国内数百マイルに架設され、数ヵ月のうちには一千マイルに達する予定です。灯台は沿岸各所に設置され、造船所も活動中です。（中略）我が国の国旗の真ん中に描かれた赤い丸は、最早日本国を閉ざしてきた封蠟《ふうろう》ではなく、その本来の意匠のとおり、昇る朝日のように、世界の文明国と対等になり、さらに上昇していく象徴となるでしょう」

旧体制の解体と新体制への移行＝廃藩置県を平和裡《へいわり》に実現し、まさに近代化への道に邁進せんとする意気込みを語り、その成果として早くも鉄道と電信という文明の二大利器が発展しつつあることを誇る。そこには新生国家を率いる為政者の自負と野心ものぞく。

すでにアメリカ側は、使節団とともに帰国した駐日公使チャールズ・E・デ・ロング（De Long, Charles E.）から、政権交代後の日本情勢にかんする報告を受けていた。無論、そこには伊藤の演説にあったとおり、明治政府が電信架設に力をそそいでいる実態も含まれていたはずだ。そのため、

――ここは本家本元の力量を、遠来の客に披露せねばなるまい。

との思惑も働いたことであろう。アメリカ政府はとっておきのパフォーマンスで使節団を歓迎した。

『実記』第三巻「桑方西斯哥ノ記 上」の明治四年一二月一四日項には、「午後一時ヨリ電信機局ニ至ル、華盛頓《ワシントン》府ノ國務尙書『フィシュ』氏、電氣機《ママ》ノ發明家『モール』氏及ヒ『チカゴ』府ノ知事ニ應《ママ》復ヲナス〔午後一時、電信局に行った。ワシントンにいるフィッシュ国務長官、電信

機の発明者モース氏、それにシカゴの市長と通信を取り交わした〉」との記述がみられる。

使節団一行が招かれた「電信機局〈電信局〉」とは、ウェスタン・ユニオン電信会社（Western Union Telegraph Company：WUTCと略記）のサンフランシスコ局〔テレグラフヒル所在〕である。WUTCは当時、全米の電信線路をその支配下に置く超巨大独占体――資本金四〇〇〇万ドル、保有電線総延長距離一六万キロメートル、管轄局数二二五〇件――として、全米産業界に冠たる地位を占めていた。

さてここで、アメリカ政府は使節団の面々に電信の偉大さを実体験させようともくろんだ。国務長官ハミルトン・フィッシュ（Fish, Hamilton）と並んで、「電氣機ノ発明家『モール』氏〈電信機の発明者モース氏〉」ことサミュエル・モールスをかつぎだしたことは、電信の母国としての矜持《プライド》を示すものだ。

実際、使節団のWUTCサンフランシスコ局訪問は、新聞各紙にも取りあげられた。『ニューヨーク・ヘラルド（The New York Herald）』一八七二年一月二四日（水）号は「日本人と電信（"THE JAPS AND THE TELEGRAPH"）」、『チャールストン・デイリー・ニューズ（The Charleston Daily News）』一八七二年一月二六日（金）号は「日本使節団（"THE JAPANESE EMBASSY"）」という見出し《キャプション》で、それぞれ同じ内容の記事を掲載している。

まず、「電信の歴史に特筆大書されるべき出来事が、この火曜日に起こった。日本使節団の数人がサンフランシスコのWUTC支局を訪問し、ワシントンのフィッシュ国務長官、モール

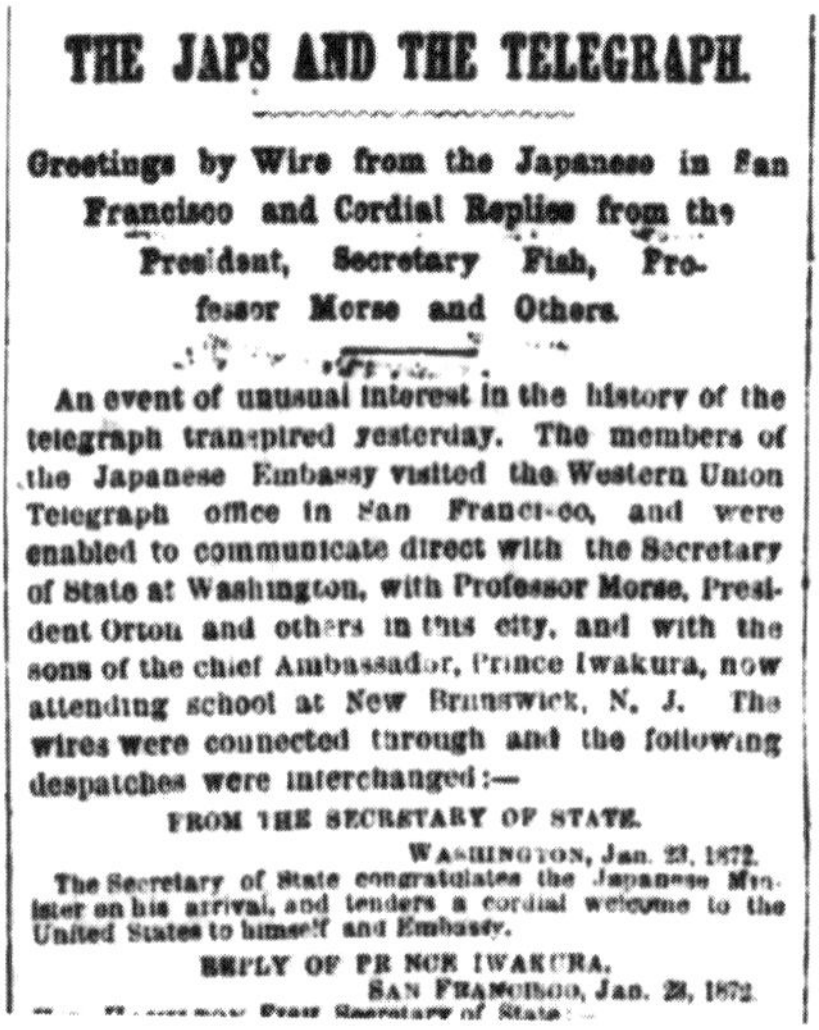
THE JAPS AND THE TELEGRAPH.

Greetings by Wire from the Japanese in San Francisco and Cordial Replies from the President, Secretary Fish, Professor Morse and Others.

An event of unusual interest in the history of the telegraph transpired yesterday. The members of the Japanese Embassy visited the Western Union Telegraph office in San Francisco, and were enabled to communicate direct with the Secretary of State at Washington, with Professor Morse, President Orton and others in this city, and with the sons of the chief Ambassador, Prince Iwakura, now attending school at New Brunswick, N. J. The wires were connected through and the following despatches were interchanged:—

FROM THE SECRETARY OF STATE.

WASHINGTON, Jan. 23, 1872.

The Secretary of State congratulates the Japanese Minister on his arrival, and tenders a cordial welcome to the United States to himself and Embassy.

REPLY OF PRINCE IWAKURA.

SAN FRANCISCO, Jan. 23, 1872.

図版27

『ニューヨーク・ヘラルド』掲載「日本人と電信」

ス博士、WUTCのウィリアム・オートン(Orton, William)社長やその他の人びと、そして現在ニュージャージー州ニューブランズウィックに留学中の全権大使岩倉閣下の御子息たちと交信した」という簡単な説明(図版27)がある。

WUTCサンフランシスコ支局に到着した岩倉たちは、同局総支配人ジェイムズ・ギャンブル(Gamble, James)と副支配人ジョージ・S・ラッド(Ladd, George S.)に迎えられた。ふたりに支局内を案内され、電信機の使用法等の説明を受けたのち、支配人執務室にとおされる。そこには電信機の置かれた席があり、電信士が控えていた。

岩倉、大久保、伊藤が席につくと、早速、電信士が電鍵を叩いて使節団の到着をワシントンに告げる。数分を待たずに受信機が金属音を奏で、電信士はそれを聴きながら素早く復号、元文書を受信紙に書き取った。通訳がこれを読みあげる。

「ワシントン　一八七二年一月二三日
　国務長官ハ日本大使ノ到着ヲ祝シ　閣下ナラビニ御一行ヲ心ヨリ歓迎イタシマス」

すでにアメリカでは、紙テープに刻印した短符と長符を復号する方法から、受信音の長短を聴き取りながら復号する方法へと、受信のパターンが変わりつつあった。交信速度はこれによって飛躍的な向上を遂げる。岩倉たちはさぞや驚いたのではなかろうか。

話をもどすと、歓迎の辞を受けた岩倉は、頼信紙に返信文をしたためると通訳に手渡した。通訳がそれを英訳すると、電信士は即座に打電していく。

「サンフランシスコ　一八七二年一月二三日
　国務長官ハミルトン・フィッシュ閣下へ
　歓迎ノ電文ニ対シテ合衆国ニ感謝イタシマス　私ドモハ来週ワシントンニ向ケテ当地ヲ出発スル予定デス　同地ニテ直接御会イ致シ条約締盟国宛テノ日本国天皇ヨリ託サレタ信任状ヲ手交致シタク存ジマス
特命全権大使岩倉」

今度はフィッシュから岩倉のもとに返電が届いた。

「ワシントン　一八七二年一月二三日
サンフランシスコ　特命全権大使　岩倉公へ
合衆国大統領ハ閣下ナラビニ使節団ノ皆様ヲ喜ンデ歓迎シ　大陸横断旅行ガ快適カツ安全ナモノデアルコトヲ御祈リ致シマス　皆様ハアメリカ国民ナラビニ我ガ国政府ノ友人タチト御会イニナリ　彼ラガ貴国ニ関係スル全テト天皇ノ政府ト我ガ国トノ今後ノ関係ニ温カナ関心ヲ寄セテイルコトヲ目ノ当タリニサレルコトデショウ
国務長官　ハミルトン・フィッシュ」

ついでニューヨークからも電文が届く。サミュエル・モールスからの祝電である。

「ニューヨーク　一八七二年一月二三日
モールス博士ハ日本使節団ニ心ヨリノ敬意ヲ表シ　電信ノ世界ニ歓迎致シマス」

岩倉はただちにモールス宛の謝辞を返電した。

「サンフランシスコ　一八七二年一月二三日
モールス博士へ

日本使節団ハ電信ノ発明者モールス博士ニ対シテ　貴殿ノ名声ガ日本デモヨク知ラレテオリ　数ヵ月ノ内ニハ一千マイルノ電信線ガ日本デモ開設予定デアルコトヲ御知ラセスル次第デス

特命全権大使　岩倉」

電信の発明者モールスと電信を介して言葉を交わすというアメリカ側の粋な演出は、岩倉をはじめとする使節団の人びとに、あらためて「電信の母国アメリカ」を強く印象づけたにちがいない。このあと、岩倉はＷＵＴＣ社長オートンおよび同副社長ジョージ・マムフォード(Mumford, George H.)とも、祝辞と謝辞の交換をおこなった。

と、ここでアメリカ側はさらに使節団に対する親愛の情を演出してみせる。ニュージャージー州ニューブランズウィックに留学中の岩倉の息子ふたり——第三子の具定《ともさだ》と第四子の具経《ともつね》——がサンフランシスコ支局に消息を送ってきたのである。

「ニュージャージー州ニューブランズウィック　一八七二年一月二三日

サンフランシスコ　岩倉宛

親愛ナル父上へ　二人トモ父上カラノ御言葉ヲ楽シミニシテオリマス　シカゴデオ待チ申シアゲテオリマス　ソノ折ニハ御助言賜リマスレバ幸甚デス

岩倉具定・具経」

いまならさしずめ「サプライズ」といったところか。この心憎い計らいには、岩倉もさだめし感激したことであろうが、そこは豪胆さと冷静さで鳴る元勲、顔色ひとつ変えずに返信文をしたためた。

「ブランズウィック　具定・具経宛
息子タチへ　アメリカニオイテ二人が共ニ元気デアリ　丁重ナ処遇ヲ受ケテイルコトヲ知リテ　嬉シク思フ　来週半バ頃ニハ当地ヲ離レテワシントンニ向カフ心積モリナリ　シカゴデ再会シタ時ニ忠告ヲ行イタイ
父　岩倉ヨリ」

なお『実記』には、この岩倉父子の交信にかんする記述がない。おそらく久米は私事に属することと判断して、このデジタル通信による歴史的な会話《チャット》を公式記録から省いたのであろう。
最後に、使節団がワシントンにむかう途次で立ち寄る予定のシカゴの市長ジョゼフ・メディル（Medill, Joseph）から届いた「アジアノ中デ最モ開明的デ進歩的ナ国ノ使節団ニ歓迎ノ意ヲ表シマス」という祝電に、岩倉が謝辞を返電して、ＷＵＴＣサンフランシスコ支局での使節団歓迎セレモニーは終了した。
ついでながら、電信の父モールスはその二ヵ月後の一八七二年四月二日、八一年の波乱に富

んだ生涯を閉じる。『実記』第十九巻「新約克府《ニューヨーク》ノ記」に曰く、

「『モール』氏ハ我一行ノ始テ桑港ニ着セシトキマテハ、巳《ママ》ニ電線ニテ應復ヲモナシタリシニ、頓《やが》テ病ニカヽリ、華盛頓府へ着ノ後ニ物故セリ」

〔われわれ一行がサンフランシスコに着いた頃、モース氏とは電信で応答を交わしたものであるが、やがて病気となり、われわれがワシントンに到着後亡くなった〕

開国まもない極東の小さな島国からはるばる太平洋を越えてやってきた使節団との交信が、モールス最後の晴れ舞台であったかもしれない。

閑話休題《それはさておき》。

WUTCサンフランシスコ局で電信の実演を体験した岩倉たちは、――これがメリケン流の接待《もてなし》か。かつてペルリが上陸した折にも、テレガラフの実演をしたと聞いておるが、余程自慢の業《わざ》なのであろう。

と思ったのではないか。

『実記』第三巻「桑方西斯哥ノ記 上」には「此線ハ當節日本使節ノタメ政府ヨリ『チカゴ』及ヒ華盛頓府へ、新ニ張タル線ニテ、其價ハ六千弗《ドル》ヲ費シタリ〔この電信ラインは連邦政府の命により日本使節のために最近シカゴ、ワシントンに向けて敷設したものであって、その費用は六、

図版28
1875年当時のWUTCニューヨーク本社

〇〇〇ドルであった」」という記述がある。つまり、使節団の歓迎にもちいられたのは、特設の電信線路なのだ。

——資金を投じて、電信柱を建て並べ、電線を架け渡しさえすれば、どこでなにが起きているのか、手に取るようにわかる。

アメリカ側が大枚叩《はた》いて披露したパフォーマンスによって、使節団の人びとは時空の制約をものともせず、情報を瞬時に伝達できる電信というニューメディアの威力を、いまさらのように実感したはずである。

半年後の明治五年六月二六日、使節団一行はWUTCニューヨーク本社を訪れる。図版28のごとく、ニューヨークのブロードウェイ一四五番地に屹立《きつりつ》する七階建ての巨大ビルだ。『実記』第十九巻「新約克府ノ記」は、その威容を左のように記している。

「電信會社ノ總局ニ至ル（中略）電線ノ發明ハ、人民ノ生業上ニ利益甚タ多ケレハ、米國ノ各地各都ニ競フテ架設シ、線路混雑ナルヨリ、其區畫ヲ定メテ、總轄ノ局ヲオキ、互ニ通信ヲナスニ障礙《しょうがい》ナカラシメタレ𪜈《ども》、猶不便ナルヿ《こと》アリ、遂ニ電信會社ノ總局ヲ、新約克ニ設ケテ、諸線ヲ此ニ集メ、是ヨリ出テ、、各所ニ派達スルヿニナシタリ、即《すなはち》當電信局是ナリ、此會社ノ電線ハ、米國ノ東部ニテ、最モ開ケタル州州ヲ、殆ント普《あまね》ク環通シ、去年マテノ線路ヲ總《すべ》レハ、五万六千英里ニ及ヒ、四千二百ノ電信局ヲ總ヘ、去一歳ノ電信料ヲ取立タリ」

〔電信会社の本社に行った（中略）電信の発明は人々の生活に大きな利益をもたらしたので、米国各地は競って電信線を架設した。その結果電信線が輻輳《ふくそう》したので、その区画を定め、電信局を置いて相互の通信が障害を起こさないようにした。しかし、なお不便なことがあったので、電信会社の本局をニューヨークに設置し、すべての電信線をここに集め、ここをセンターとして各地に電信が伝わるようにした。われわれが見た電信局はこれである。この会社の電信線は、米国東部で最も開けた各州をほとんどすべて結び合わせており、昨年までのその延長は九万キロメートルにも達した。四、二〇〇の電信局を統括して電信料を取り立てている〕

ここで「電線ノ發明ハ、人民ノ生業上ニ利益甚タ多ケレハ」という認識は、『実記』の編修にあたった久米だけでなく、使節団の政府要人たちにも広く共有されたものであろう。

副使の大久保は、帰朝後、遣韓使節問題をめぐる政府内の対立に勝利したあと、内務省を創設して初代の卿に就任、文字どおり明治政府の中枢に座す。すなわち、同省警保寮を介して全国の警察力を掌握、同省勧業寮を新たな殖産興業の拠点とし、既設の工部省・大蔵省と協力して、産業振興を軸とする富国強兵を民心統合の国家理念に置く体制を整えた。

このとき大久保は、使節団副使として欧米の近代産業技術を実地見聞した経験をもとに、『殖産興業ニ関スル建議書』〔作成の詳しい時期は不明〕を起草。そこで「大凡《おおよそ》國ノ強弱ハ人民ノ貧富ニヨリ、人民ノ貧富ハ物産ノ多寡ニ係ル〔概して国家の強弱は国民の貧富にもとづき、国民の貧富は生産量の多少にもとづく〕」と述べ、「政府政官ノ誘導奨励〔政府と各省庁の指導と奨励〕」のもと「人民ノ工業ヲ勉励スル〔国民が工業生産に励む〕」ことが右の国家理念を実現する鍵になる、という基本方針をあきらかにした。

いわゆる大久保政権のもとで工部卿に就任したのが副使の伊藤。そして、大蔵卿は留守政府の中心として諸改革をすすめた大隈。とりわけ前者は大久保の右腕として、豊富な欧米体験を駆使しながら、殖産興業を基軸とする近代化路線を推進していく。

その際、国土全域にわたり必要な情報を必要なときに送受できる通信体制の構築は、輸送をになう鉄道の敷設と並んで、工業発展の基盤となる円滑・迅速な物流にとって不可欠な前提にほかならなかった。

兵庫県知事時代〔慶応四年五月二三日〈一八六八年七月一二日〉〜明治二年四月一〇日〈六九年五月二一日〉〕に大阪―神戸間の電信架設を計画したこともある伊藤の指揮下、明治七年九月二二日、日本帝国電信条例が制定される。これによって、国内の電信事業はすべて工部省電信寮の管轄、すなわち官営となった。

明治九年には官営電信に対する別途会計の適用が決定した。その結果、架設資金の確保が容易になり、列島縦貫電信線路を軸として国内を縦横に走る電信網の構築が加速したのである。

## 三、語られざる電信の活躍

使節団を迎えた頃のアメリカは、建国以来最大の危機を乗りきり、再建の途上にあった。『実記』第十七巻「華盛頓府後記」において、久米はこの国難にふれている。

「合衆國ハ、一千八百六十一年ヨリ、市民戰爭、四週歳ヲ經テ、南部敗レ、北部勝テ、今日ノ和平ヲ保存シタルモ、元來國内ノ訌争《こうそう》ニテ、民ノ肝脳《かんのう》地ニ塗《ぬ》リ、財力ヲ屈シタルハ、齊《ひとし》ク國歩ノ躓《ツマヅキ》ニ歸スルナリ」

〔合衆国は、一八六一年から四年間の内戦を経て北部が勝ち、南部が敗れ、今日の平和に達したけれども、国内の戦争で人民の血潮を流し、財力を傾けたことは、ともに国の進歩を大きく妨げた〕

そう、国難とは一八六一～六五年に起こった南北戦争のことである。黒人奴隷制の存続と自由貿易を主張する南部一一州と、国内市場の統一と保護貿易を主張する北部二三州が、奴隷制の拡大阻止を掲げるエイブラハム・リンカーン（Lincoln, Abraham）の大統領当選を機に、一触即発の緊張状態へと突入した。

統一連邦体制からあいついで離脱した南部諸州［まずサウスカロライナ、ミシシッピ、フロリダ、アラバマ、ジョージア、ルイジアナ、テキサスが離脱、続いてヴァージニア、テネシー、アーカンソー、ノースカロライナが離脱］は、奴隷制の正当性と州権強化を謳った独自の憲法を制定し、アメリカ連合国（Confederate States of America：CSA）を樹立。

一八六一年三月にアメリカ合衆国（United States of America：USA）の第一六代大統領となったリンカーンは、当初、CSAに対して懐柔の姿勢で臨んだが、四月にCSA沿岸砲兵隊がサウスカロライナ州チャールストン沖合のサムター要塞を砲撃すると、義勇兵七万五〇〇〇を召集し、事実上の宣戦布告とした。ここに南北併せて六二万人の戦死者――アメリカ戦史上最高数――をだす戦乱が幕を開ける。

一般には、右の引用にあるとおり「市民戰爭（American Civil War）」と称されたが、これまで我が国ではUSAとCSAの地理的な関係に照らして、「南北戦争」と呼ばれてきた。

この呼称は奇しくも、未曾有の長期的内戦の構図を、明瞭に浮かびあがらせる。すなわち、南北戦争とは、統一連邦体制を脱退したCSA側にとって「独立」を賭けた郷土防衛戦であった。かたや「連邦再統一」を掲げるUSA側にとっては、叛乱一一州を併合するための征服戦にほかならない。

結果的に、戦線は両国が踵《きびす》を接する三方面――五五〇〇キロメートルにおよぶCSA領の湾岸戦線、CSA首都リッチモンドとUSA首都ワシントンを中心とする東部戦線、アパラチア山脈以西のミシシッピ川流域をめぐる西部戦線――にそって拡張を遂げていく。

当然にも、CSA領の再併合をめざすUSAは広範に展開する大規模な軍組織と、それに対応する長い兵站《へいたん》補給路を維持せねばならず、そのためには効率的な情報伝達体制の確立が焦眉の急となった。

――有事に際しておこなう政治的決断と軍事的行動を的確ならしめるには、迅速で正確な情報の収集と共有が必須となろう。

合衆国憲法第二章第二条第一項［大統領は陸軍および海軍ならびに現に合衆国の軍務に就くため召集された各州義勇軍の最高司令官となる］にのっとり、陸海軍最高司令官を兼務することとなったリンカーンはそう考えた。

かくして、USA政府は統一連邦体制を支持する鉄道・電信両業界の力を借りて、軍事動員ならびに兵站補給をになう輸送経路と政治・軍事の神経組織となる通信網の構築をすすめていく。

とくに後者は、行政府も含めた軍事単位間の密接かつ円滑な連係《コンビネーション》にとって必須の前提となることから、連邦軍用電信隊（United States Military Telegraph Corps：USMTCs）という専門組織が特設された。その内実は民間の鉄道会社や電信会社で働くモールス電信士から構成される軍属集団だ。

ＵＳＭＴＣｓが各戦線・戦場で収集した事実群は、野戦・軍用電信線路を介してワシントンの軍務省電信本部に逐次送られた。リンカーンはこれらを閣僚たちと協力して分析し、軍事作戦の方針に加工したうえで、電信本部から各方面軍に指令として返還する。それと同時に、事実群を新聞社に提供し、戦争の趨勢《すうせい》を知りたがっている国民に報道した。

じつは南北戦争こそ、情報の収集・共有・分析にかかわる戦略が勝敗の帰趨に決定的な影響をおよぼした最初の戦争なのである。最新鋭のＩＴ＝電信を軍事領域において、どれほど広範囲かつ効果的に駆使できるのか――ＵＳＡとＣＳＡの明暗は、文字どおりこの点に凝縮されていた、ともいえる。

つまり、ＵＳＭＴＣｓは、電信というニューメディアの軍事的価値を、このうえもないかたちで示した成功例であった。当然、電信の母国を自認するアメリカ側が、これを使節団に誇示しないはずはない。

『実記』第十二巻「華盛頓府ノ記 中」にはしかし、明治五年三月一八日項の「陸軍附属ノ電信寮ニ至ル、記スヘキコトナシ〔陸軍付属電信局を訪ねた。特記すべきことはない〕」という感想があるのみだ。電信が南北戦争におけるＵＳＡの勝利に果たした役割の大きさを考えれば、久米のこの淡白な記述には、少なからず違和を感じる。

すでにふれたが、使節団には各省より派遣された理事官とその随行員が含まれていた。その任務は「各國ノ内文明最盛ナル國ニ於テ、本省緊要ノ事務、目今實地ニ行ル、景況ヲ觀察シ、其方法ヲ研究講習シ、内地ニ施行スヘキ目的ヲ立ツヘシ〔歴訪諸国中で最も文明がすすんでいる国で、各省の必要性に照らして優先順位の高い業務や現在の実施状況を観察し、その方法を調査分析し、日本でも実施すべきものを選定せよ〕」(『大使全書』第二三号文書)ということである。

電信事業を管轄する工部省は、巻末の附録一にみられるとおり、理事官として造船頭《ぞうせんのかみ》の肥田為良〔旧幕臣〕、随行員として鉱山助《こうざんのすけ》の大島高任《たかとう》〔岩手盛岡藩〕、鉄道中属の瓜生震《うりうふるう》〔越前福井藩〕を使節団に加えていた。また、軍事技術も「研究講習」の重要な対象とされており、兵部省は理事官として陸軍少将の山田顕義、随行員として兵学大教授の原田一道《いちどう》〔旧幕臣〕を派遣している。

時間は多少前後するが、ワシントン入りした使節団は、明治四年一月二五日、大統領官邸《ホワイトハウス》に招かれて、第一八代大統領ユリシーズ・グラント (Grant, Ulysses S.) の引見(図版29)を受け、国書を捧呈した。

このグラントこそ、南北戦争において連邦陸軍総司令官を務め、USMTCsが架設した野戦・軍用電信線路を駆使して一〇万規模の大軍団を自在にあやつり、USAを勝利へと導いた立役者なのである。

使節団を迎えたグラント政権の閣僚のなかにも、南北戦争中、軍や政府で活躍した人びとが少なからず含まれていた。国務長官フィッシュも、大統領委員会の一員として戦費調達や捕虜

図版29　岩倉使節団のグラント大統領謁見

交換に手腕を発揮している。

また、謁見式に列席し、岩倉の演説の英訳を読みあげた外交委員会議長ナサニエル・バンクス（Banks, Nathaniel Prentice）は、陸軍少将として南北戦争における幾つかの重要な作戦を指揮した。野戦・軍用電信線路を「電気による神経は、国家の心の琴線《きんせん》」と喩《たと》え、その計り知れぬ貢献に賛辞を贈ったこともある。

しかも、使節団の接待役を務めたのは、アルバート・ジェームズ・マイヤー（Myer, Albert James）陸軍大佐。この人物、南北戦争時、ＵＳＭＴＣｓとともに連邦陸軍の通信をささえた連邦軍用信号部隊（United States Signal Corps：ＵＳＳＣｓ）の創始者にして、モールス符号を応用した野戦用旗振り信号法※の開発者でもあった。（※一本の大旗を垂直に構える基本姿勢から、左に振れば「1」、右に振れば「2」、正面に振れば「3」とし、これら三つの数字の組み合わせで、アルファベットや慣用句を表す。「12」は「A」、「1221」は「B」、「212」は「C」、「111」は「D」というようにアルファベットを「1」と「2」で、また、「3」は「単語終わり〈End of Word〉」、「33」は「文節終わり〈End of Sentence〉」、「333」は「通信終わり〈End of Message〉」というように特定の決まり事を「3」で、それぞれ表す)

使節団がワシントンに入って以降、マイヤーは最も親しく団員たちと交流［二月一八日陸軍省管轄気象局を案内、同二五日特許局と曲馬場を案内、三月一六日海軍天文台を案内、同一七日財務省を案内、同一八日陸軍付属電信局を案内、同二三日郵便局を案内、四月二四日アーリントン墓地招魂祭に招待、五月四日ナイアガラ～ボストン小旅行を開催、六月二日私邸に招待、同一七日ワシントンで会食、同二十日惜別の宴を開催］を持ったが、

「軍事においては、電信による迅速で正確な情報伝達が成否の鍵を握るだろう」

という主旨の発言をどこかでおこなっていたなら、久米は『実記』の編修にあたって、そのことを記したにちがいない。

思えば、戊辰戦役を経て廃藩置県が成ったとはいえ、新生日本の内治はいまだ安泰というにはほど遠かった。全国各地に御新政への不平・不満がくすぶるなか、明治政府の軍備といえば、廃藩に備えて薩摩・長州・土佐の三藩から募った御親兵を近衛兵に再編し、兵部省のもとで旧藩兵の一部を各地の鎮台に配置した、いわば急ごしらえのものにすぎない。

そんなときに敢えて先進欧米に新国家建設の青写真を求めんとしたのであれば、南北戦争という未曾有の内乱を克服し、国家再統一を成し遂げる立役者となったUSMTCsとその本拠たる陸軍付属電信局は、久米が観察力と洞察力を傾注して『実記』に記すべき軍事施設ではなかったのか。とすれば、久米に「記スヘキコトナシ」と書かせた原因を、いったい奈辺に求めればいいのだろうか。

じつは南北戦争の終結と同時に、USA政府はUSMTCsの存在と活躍を秘中の秘《トップシークレット》として封印していたのだ。そのために、南北戦争で重責をになったグラント、バンクス、マイヤーも、使節団に軍用・野戦電信線路の意義を、話したくても話すことができなかったのである。

そこには、USMTCsという組織の特異性と特殊性が深く関連している。そもそもUSMTCsは陸軍の正規部隊ではないにもかかわらず、ワシントン政府と各方面軍司令官のあいだで交信される最重要情報を専一的にあつかった。それを暗号化したり復号化（解読）したりする方法も、USMTCs隊員しか知らなかった。

彼らはいわゆる軍属として民間人身分のまま軍務長官エドウィン・スタントン（Stanton, Edwin McMasters）の管轄下に置かれた結果、各軍の指揮命令系統からは超然とした位置を占める。USA最高司令官リンカーンも陸軍総司令官グラントも、USMTCs隊員があやつる暗号電信法からは遠ざけられた。

ちなみに、電信士たちはUSMTCs入隊に際して、「電報ならびに報告書、そして電信を介して知りえた情報はどのような内容であっても、直接であれ間接であれ、いかなる人間にも洩らさないこと。アメリカ合衆国の軍事目的のために託された暗号電文コードをいかなる人間にも明かさないこと。この守秘の誓いとアメリカ合衆国政府に対する忠誠に殉ずること」を宣誓させられている。

これは戦争の行方《ゆくえ》を左右する軍事・政治情報の迅速な伝達と機密保持《セキュリティ》にとって不可欠の処置であったが、同時にすべての機密情報はUSMTCsを介して交信されることから、いわゆる「知りすぎた」集団――しかも、民間人から構成される――が、USAの政治・軍事機構の内部に形成されることとなった。

戦時中、リンカーンはUSAの勝利と連邦再統一のために権謀術数の限りを尽くし、ときに人心を欺《あざむ》き、ときに人倫に背くような指令も発している。また、グラントは盟友ウィリアム・シャーマン（Sherman, William Tecumseh）将軍と連係して、戦史上初の非武装地帯に対する意図的な攻撃を敢行、CSA領民の生活を徹底的に破壊した。

これらの政治・軍事にかんする指令や報告は、ことごとくUSMTCsを介して関係部署に伝達されたために、政府・軍部ともにそれらすべてが白日のもとに曝されることを危惧する。そこで、CSA降伏後の一八六六年六月、軍務長官が暗号電信法のあつかいを記したマニュアルの廃棄をUSMTCsに命令。同時に、隊員たちに自身の任務と活動の秘匿《ひとく》を厳命したのである。

七月末には連邦議会がＵＳＳＣｓを陸軍唯一の通信担当組織として承認し、マイヤーを一等将校に据えた。ＵＳＳＣｓは正式な軍組織であり、ＵＳＭＴＣｓはまもなくこれに吸収されて事実上消滅する。これにともない、ＵＳＭＴＣｓ隊員の大半が戦前に勤務していた鉄道会社や電信会社に復職、ＵＳＳＣｓに移籍した元ＵＳＭＴＣｓ隊員には晴れて軍人身分が付与された。

こうして、ＵＳＭＴＣｓは人知れずその特筆すべき戦歴に終止符《ピリオド》を打つ。そして、隊員たちは自分の活躍を余人に語る機会を奪われ、その稀有なる功績と体験を歴史の闇に封印された。ＵＳＭＴＣｓの実態が世間に対してあきらかにされたのは、南北戦争時にＵＳＡ政府や軍部の中枢を占めた人びとが世を去ったあと、二〇世紀に入ってからのことなのだ。

南北戦争終結から六年を経て陸軍付属電信局を訪れた日本の使節団に、マイヤーがＵＳＳＣｓによる通信演習という至極平凡なパフォーマンスを披露するにとどまった裏には、右のごとき秘話が隠されていた。逆に、「記スヘキコトナシ」という素っ気ない『実記』の記載には、使節団が知る由もない、アメリカ側の複雑な事情が作用していた、といえよう。

付言すれば、この時期に建国百年を迎えていたアメリカは、商工業、貿易、運輸通信、教育に裏打ちされた豊かな生産力＝「物力」と広大な国内市場を誇る若き統一国家にすぎず、こんにちのように強大な軍事力を背景として、露骨なまでの覇権《ヘゲモニー》を世界にむかって唱えるには至っていなかった。

よって、使節団が同国の軍事施設に対してそれほどの関心を払わなかったとしても不思議ではない。あまつさえ、ＷＵＴＣの趣向を凝らした歓迎パフォーマンスによって、使節団一行には「貴国自慢の電信についてては、もう十分に堪能いたしました」という思いもあったのではなかろうか。

とはいえ、ここで時間軸をすすめれば、使節団の帰朝後、明治政府は遣韓使節問題によって分裂。西郷、江藤など遣韓使節を可とする留守政府の要人たちは続々と下野して国許に帰還し、やがて不平士族にかつがれ、「政府打倒」を掲げて蜂起した。

明治七（一八七四）年の江藤を首魁《しゅかい》とする佐賀の乱から明治一〇年の西郷を首領に戴《いただ》く西南戦役までの一連の士族反乱において、政府―鎮台―戦地をつなぐ軍用電信線路は敵情の正確な把握と迅速な兵力移動を可能にし、短期間での鎮圧に測り知れない貢献を果たす。

とりわけ西南戦役では、戦地に派遣された工部省電信寮の通信技手＝電信士たちが暗号をもちいて、戦況をリアルタイムで鎮台司令部や東京の政府に送った。その働きは、ＵＳＭＴＣｓにも比肩しうる。

このとき政府を率いたのが、大使の岩倉、副使の大久保、その右腕となった伊藤である。彼らはアメリカにおいて電信の持つ軍事的意義を知りえなかったにもかかわらず、帰朝後、国家存亡の危機に直面したとき、電信を見事に活用して反乱軍を打ち負かした。

それでは、彼らは軍用電信にかんする知識や手法を、いったいどこで学んだのだろうか。この疑問を解く鍵はヨーロッパの新興国家プロイセン――使節団訪問時にはドイツ帝国――にあるのだが、これについてはのちほど詳しく述べることにしよう。

ところで、使節団はアメリカで近代外交史上に残る失態を演じている。すなわち、サンフランシスコ上陸からロッキー山脈越えを経て、シカゴ、ワシントンと各地で続く歓待ぶりに我を忘れ、条約改正の予備交渉どころか、本交渉も可能であると錯覚。アメリカで条約改正を実現したうえで、ヨーロッパに赴いて各国合同の会議を開催し、条約問題を一挙に処理しようという算段をめぐらせたのだ。

しかし、ここで天皇の全権委任状の不携帯や最恵国待遇［他国に与えた最も良い待遇と同等の待遇を締約国に与えること］といった難問に直面、国際外交の舞台における新興国家の無知と未熟さを露呈する結果となった。この惨めな顚末《てんまつ》をまえに、岩倉は留守を預かる太政大臣の三条実美に書簡を送り、左のごとき悔恨の念と悲壮な決意を語っている。

「百方後悔仕リ候ヘトモイマサライカントモナス能《あた》ハス、タダタダ恐縮ノ外ナシ、サリトテ半途デ辭《じ》ス申スヘキ訳ニモ至リ間敷《まじ》ク候事、コレヨリハ鉄面皮ニテ各國使命ヲ遂ケ候《そうろう》心得ナリ」

［今回の失態ついては後悔するしかないのですが、いまとなってはどのような取り繕いも無意味というもの。ひたすら恐縮するのみです。とはいえ、道なかばで使節たる任務を放棄するわけに

はまいりません。かくなるうえは、面《つら》の皮を厚くして旅を続け、歴訪各国で使節団の使命を全うするのみです」

すでに紹介したが、使節団の任務は外交交渉だけにあらず。実際、グラント大統領に奉呈した国書にも「文明諸国と対等の立場に立つために、また国民の権益を伸長するために条約を改正したい。文明諸国の諸制度から、我が国の現状に適するものを選び、それらを摂取して政策や慣習を改善し、文明諸国と肩を並べる基礎を築くのが本使節団の目的である」と明記されていた。

かくして、絶望、後悔、意気消沈に苛《さいな》まれながらも、使節団はこのあとヨーロッパにおいて見聞するはずの事物・制度・思想の長短を見極めるという、いまひとつの使命をあらためて胸に刻み、アメリカ建国の地マサチューセッツ州ボストンから、当時世界に冠たる国力を誇った大英帝国＝イギリスへと旅立つ――

# Ⅲ　女王陛下のインターネット

それからホームズは、海底電信の頼信紙に長い電文を書いた。そして、「こいつの返事が僕の期待どおりなら、君は例の記録にまたひとつ素晴らしい事件をくわえることができるよ、ワトソン」と言う。（中略）だが、待望の返信はなかなか来ない。いらいらするうちに二日が過ぎ、ホームズはドアのベルにずっと耳を傾けていた。二日目の夕刻、ヒルトン・キュービットから手紙が一通届いた。（中略）「いますぐそこに行かなければ。待てよ、おいでなすったな、お待ちかねの外電が。（中略）返事を書かなければ……。いや待てよ、思ったとおりだ。返事など書いている暇はないぞ。この知らせを読んだ以上、もはや一刻の猶予もならぬ（後略）」

——Doyle, Arthur Conan "The Adventure of the Dancing Men" in *The Strand Magazine*, Dec.1903.

## 一、パクスブリタニカの繁栄

使節団一行を乗せた英国キュナード会社の郵便船オリンパス号は、ボストンを発って一一日目の明治五（一八七二）年七月一三日、雨中のセントジョージズ海峡をすぎ、翌一四日マージー川の河口に位置する貿易港リバプールに到着する。

航海中の某日、久米は大久保、木戸の両副使とアメリカの印象を語り合った。そのとき、「アメリカではことあるごとに驚きましたが、ニューヨーク、フィラデルフィア、ボストンを堪能したからには、ロンドンやパリを眺めてもさほどの驚きは感じないでしょう」

と水をむけた久米に、大久保と木戸は口を揃えて、

「いや、まだそのようなことを軽々しくいうものではない」

とたしなめている。

全日程一〇ヵ月半で欧米一二ヵ国を巡覧するという当初の予定は、最初の訪問国アメリカで二〇五日を費やしたことから、もはや履行がむずかしい状態であった。外交使節としてはこの時点でほぼ失敗であり、これからさきは「権限を持たない移動調査委員団」（ディキンズ『パークス伝』）として、先進文明の摂取に全精力を傾注するよりほかない。

――使節団ではなく、視察団としての使命を全うすべし。

と腹を括《くく》っていたふたりの元勲にとって、一随行員の口からでた右の言葉は、あまり愉快なものではなかったはずだ。

もっとも、リバプール上陸後、鉄道駅に併設されたノースウェスタン・ホテルに案内された頃には、久米も「驚くという言葉は、まだこのさきまでとっておかねばなりませんな」と前言を撤回している。

さて、使節団の訪問当時、イギリスは世界に先駆けて興した産業革命を基盤に、文字どおり大英帝国《グレート・ブリテン》の名にふさわしい大国に発展を遂げ、パクスブリタニカ〔「ブリテンによる平和」〕を謳歌していた。すでに「世界の工場」としての地位はアメリカやドイツに譲りつつあったものの、依然として世界貿易の中枢をになう海運国家であり、世界各地に植民地を持つ覇権国家でもあった。

最初にも述べたが、同国はヴィクトリア女王の治世下にあった。使節団はこの女王に謁見して国書を捧呈せねばならない。だが、一行がロンドンに到着したとき、女王は例年どおりスコットランド離宮で避暑を愉《たの》しんでいた。議会もまた夏季は閉会するのが同国の政治慣習であり、王族はじめ貴族や有力者たちもまた田舎の別荘や避暑地にでかけている。

そもそも使節団側の失態でアメリカ滞在が延び、このような仕儀となったのだから、謁見と国書捧呈には女王の還幸を待つよりほかかない。まさに自業自得である。条約改正に必要な天皇の委任状をえるために伊藤とともに太平洋を慌ただしく往復する羽目となった大久保は、もはや開き直ったのか、留守政府を預かる西郷に宛てた書簡に、

「當國之儀はあやにく避暑の折ニ而女王其外《そのほか》官員凡而出拂ひ候折柄にて餘計ニ淹留《えんりゅう》不致候而ハ不相叶志かし當國は名誉の場所柄故別段の見物所多く是非三四旬ハ相滞候初より之賦《さぐ》り∂《ママ》候間む十分目撃致度存候」

〔女王をはじめ閣僚たちは全員避暑に出払っており、国書捧呈のためにはその帰還を待つしかない。長逗留になりそうだが、イギリスは世界の第一等国であるからみるべき場所には事欠かない。三〇～四〇日ほどかけて、当初の目的にのっとり、じっくりとそれらを視察してみたい〕

としたためている。

歴訪予定期間の一〇ヵ月半——航海日数を含めれば、ロンドン到着時点で九ヵ月を消化——など最初から存在しなかったかのごとき朋友《おおくぼ》の言い草に、不安定な国内の統治を託された西郷は、はたしてどのような心境であったのか……。

もっとも留守政府のほうも、使節組とむすんだ『約定書』にはしたがわず、そのなかの「廃藩置県の処置は、国内行政中喫緊の課題なので、順次その実効をあげて、大使帰国後の改正の地歩固めをしなければならない」という条項を拡大解釈。不本意にも留守政府に留め置かれ

た大隈、国家設計に野心を抱く江藤、財政通の井上らは、維新最大の功臣西郷の威を借りて、土地永代売買解禁、兵部省の廃止と陸・海軍二省の新設、天皇の近畿・中国・九州巡幸、壬申地券交付等をすすめていた。

まさに「お互い様」という状況のなかで、使節団一行は右の大久保書簡にあるとおり、ヴィクトリア女王への謁見が叶うまでの三ヵ月間、最盛期イギリスの主要都市を精力的にめぐり、国富をささえる産業施設を訪問、強大な経済力の源を見極めようとした。

図版30　ハリー・パークス

そんな一行の案内役《ガイド》を引き受けたのが、帰英中の駐日イギリス公使ハリー・パークス(Parkes, Harry Smith：図版30）である。幕末より在日列強外交団を主導してきたこの実力者は、

「これより我が国の現実をご覧にいれるが、日本も今後世界と相つうじて、新たな事業を興そうとする心積もりなら、最も有意義な手本になることはまちがいない」

と自信たっぷりに宣言した。

その優越感に満ちた言説と振る舞いは、ときとして使節団一行に不快の念を催させる。それでもリバプールの巨大船渠《せんきょ》や穀物貯蔵庫、マンチェスターの紡綿・紡織工場と製鉄所、グラスゴーの商業会議所、ニューカッスルやシェフィールドの兵器産業を案内されるなかで、一行はイギリスが工業国以上に、むしろ貿易立国であるという事実にたどりついた。

『実記』第四十巻「倫敦後記」〔原本の例言目次では「倫敦府後記」となっている〕は、自慢の海運業によって世界の財を自在にあやつるイギリスの姿を左のように描く。

「英國ハ商業國ナリ、國民ノ精神ハ、擧テ之ヲ世界ノ貿易ニ錘《あつ》ム、故ニ船舶ヲ五大洋ニ航通シ、各地ノ天産物ヲ買入レテ、自國ニ輸送シ、鑛炭力ヲ借リ、之ヲ工産物トナシテ、再ヒ各國ニ輸出シ賣與フ、是共三千萬ノ精霊カ、生活ヲナスノ道ナリ、歐米列國ノ工産ニ志スモノハ、其製作ノ元品ヲ、英國ノ市場ニ就テ求メサルヲ得ス、又共農作ヲ務ムルモノモ、亦其収穫ノ産物ヲ、英國ノ市場ニ向ヒテ售《う》ラサルヲ得ス、是ニ於テ倫敦ノ一都ニ、世界ノ大市場ヲ開キ、世ノ製作、貿易、益《ますます》盛ナルニ従ヒ、此都ノ繁昌モ益旺《おう》シ、今ハ殆ト三百五十萬口ノ大都會ヲナスニ至レリ」

〔英国は商業国家である。国民の精神は一様に世界貿易に集中している。そこで船を五大洋に派遣し、世界各地から天産物を買い込んで自国に運び、それを石炭と鉄の力を借りて工業製品とし、ふたたび各国に輸出して販売している。これが三、〇〇〇万人の人々が生き抜くための手段なのである。欧米列国で工業生産を志す者は、その生産原料を英国市場において求めなければならない。また、農業に従事する者もまた、その収穫した産物を英国市場に向けて取引しなくてはならない。だからこそロンドンという一つの都市に世界的大市場が成立し、世界の工業製品や貿易がますます盛んになるに従って、ロンドンはますます繁栄し、いまやほとんど三五〇万の人口を持つ大都市となるに至った」

つまるところ、貿易とは空間による価値の差異を利用した、ある種の錬金術という側面を持つ。要するに、空間移動によって商品に稀少性という価値を付与するのである。その空間移動を安全かつ円滑に遂行するには、海上の軍備を整えることが緊要となる。

一八世紀に入ると、イギリス海軍は無敵艦隊《アルマダ》の異名をとったスペイン海軍を実力のうえで凌駕し、世界各地に多数の戦略拠点を擁して、大西洋をはじめとする七つの海の制海権を掌握していく。

『実記』第二十三巻「倫敦府ノ記 上」は、イギリスが誇る海上での軍事力について、左のような事実を書きとめている。

「英國ノ地位ハ洋中ニ島ヲナシタレハ、國安ノ防護ハ、重《ママ》ニ海軍ニアリ（中略）西國ハ漸ニ衰ヘ、英國ハ漸ニ盛ンニ、海上ニ横行シテ、東西ニ植民地ヲ廣メ、富強ノ基本ヲナシ、西國ニ太陽ノ没スルナキノ語アリシモ、之ヲ英國ニ移シトレリ、英國ノ屬地《ぞくち》ハ、五洲中ニ散有シ國民ノ利益ハ、常ニ海上貿易ニアリ、舟船ノ出入一日絶レハ、民ニ菜色ヲアラハスト謂フホトナレハ、之ヲ防護スルニハ、海軍ヲ壮ニセサルヘカラス（中略）一千八百七十一年ノ記載ニヨルニ、英國海軍ノ經費ハ、殆ト一千萬磅ニ及ヒ、七種ノ甲鐵艦總テ六十隻、其他蒸氣軍艦、運送船ヲ合セテ、五百隻ニ及フ、之ニ備フル大砲ハ一萬八千餘門、水夫四萬千五百人、海兵一萬四千アリ昨日ミル所ノ砲臺、無桅《むき》ノ甲銕艦、及ヒ其形式ノ小ナル撞撃《とうげき》甲銕艦、已成《いせい》未成ヲ幷《あわ》セテ十艘ニ及フ、其堅鋭ヲキハメタレハ、其敵手ハナカルシト云」

〔英国は海に囲まれた島国なので、国防の重点は海軍にある。（中略）スペインは次第に衰えて英国が徐々に隆盛に向かい、海上をわが物顔に往来して東西に植民地を拡大し、富強の基を作った。スペインは日が没しない国であると称していたが、その誇称はイギリスのものとなり、英国の所領は五大洲に広がった。国民の利益は常に海上貿易にあり、船舶の出入がとだえればただちに人々が心配そうな表情を浮かべるというほどとなった。したがって、貿易を防護するためには海軍を盛んにするしかない。（中略）一八七一年の記録によると、英国海軍の経費はほとんど一、〇〇〇万ポンドに及び、七種類の甲鉄艦をあわせて六〇隻、そのほか蒸気機関を持つ軍艦、運送船の総計は五〇〇隻に達する。その備砲は一万八、〇〇〇門あまり、水兵は四万一、五〇〇、海兵隊員は一万四、〇〇〇である。昨日見た新鋭の砲艦、帆を持たない甲鉄艦、およびやや形の小さい攻撃用甲鉄艦などは、すでに完成したもの、未完成のものを合せて一〇隻に及ぶが、堅牢で精鋭をきわめているので、これに敵するものはないだろうという〕

貿易で生まれた富を軍備の拡充にあて、そうして強大化した海軍力によって世界の貿易を統制する、というのがイギリスに覇権をもたらした黄金の循環《サイクル》であり、パクスブリタニカを維持する原動力でもあった。『実記』第二十一巻「英吉利國《イギリス》　總説」［原本の例言目次では「英吉利國ノ總説」となっている］は左のように記す。

「此國附屬ノ地ハ、五大洲中ニ普ク、亞細亞《アジア》ニ於テハ、五印度國、大概其所属ニ入レ、南洋ニ於テハ、『豪斯多拉利《オ、スタラリア》』洲及ヒ『ニューゼーランド』ヲ所屬シ、北亞墨利加《ノウスアメリカ》ニ於テハ、合衆國ノ北ナル廣土、南亞墨利加《ソーツアメリカ》ニ於テハ、『パナマ』『グイナ』『アンチルレン』ノ群島、多ク此國ノ所屬ナリ、其外地中海ニ於テ、西班牙《スパニー》ノ角ナル『ヂブラルタル』、以太利《イタリ》ノ南ニ於テ、『モルタ』島ヲ領シ、紅海ノ口ニハ亞丁《アデン》ノ地ヲ借リ、滿剌加《マラッカ》ノ角ニハ、新嘉坡《シンガポール》島ヲ借リ、支那ノ南ニテハ香港《ホンコン》島、亞弗利加《アフリカ》ニモ、七ケ所ノ洲岬《しゅうこう》ヲ領シ、凡ソ環海要衝ノ地ハ、多ク其所轄トナシ、全世界ノ航路、殆トミナ自國ノ支配下ニ歸シ、海路ニ郵驛ヲ置タリ、其總地ヲ計算スレハ、八百七十二萬七千六百五十一方英里露西亞《ロシヤ》領ノ廣キモ、猶四十萬餘方英里ノ地積ヲ譲リ、我邦ニ比スレハ七十五六倍ス、其人口ヲ總計スレハ、二億四千三百三十二萬七千六百六十五人、唯支那ノ人口、是ニ過タルノミ、國人誇リテ英國ニ日没ヲミスト言フ」

［この国に付属する植民地は五大洲すべてにわたっている。アジアではインドの五藩王国の大部分がイギリスの所有になっている。南半球ではオーストラリア洲およびニュージーランドを持

ち、北アメリカでは合衆国の北にある広い土地［カナダ］、南アメリカではパナマ、ギアナ、アンチル諸島の大部分がこの国の所轄である。そのほか地中海においてイスパニアの一角にジブラルタル、イタリアの南にあるマルタ島を領有し、紅海の出口ではアデンの地を租借し、マラッカ海峡の一角にはシンガポールを借り、シナの南部では香港島を、アフリカ沿岸にも七か所の支地を持つ。およそ海をめぐる要衝の地の多くを所轄とし、全世界の航路はほとんどイギリスの支配下に帰していて、その航路に沿って貿易・軍事基地を設けているのである。その総面積を計算すれば約二、二六〇万平方キロメートル、ロシアも領域が広い国ではあるが、これに比べればまだ一〇〇万平方キロメートル以上もの差をつけられている。わが国と比べれば七五、六倍にもなる。また支配人口を総計すると二億四、三三二万七、〇六五人となり、これより多い人口を持つのは中国だけである。英国人は、英国は日が沈まない国であると誇っている」

産業革命を機に未曾有の成長を遂げた毛織物・綿織物産業により史上初の工業国家となったイギリスは、高蓄積によって作りあげた海軍力を梃子《てこ》に、自由貿易イデオロギーに染まらぬ国々の門戸を強引に開かせていく。

一八三八年イスタンブールに艦隊を派遣、オスマン帝国とのあいだに通商条約を強引に締結した。これはイギリスの通商貿易権、領事裁判権を大幅に認めさせ、オスマン側の関税自主権を否定する内容で、以降、欧米列強のアジア進出はこれを踏襲するかたちでおこなわれる。日本もまた、列強の誇る武力の脅威によって門戸を開かされたアジアの一であった。

久米はこうした事実を踏まえて、右引用の前段に、

「其形勢、位置、廣狹、及ヒ人口ハ、殆ト我邦ト相比較ス、故ニ此國ノ人ハ、毎《つね》ニ日本ヲ東洋ノ英國ト謂フ、然トモ營業力ヲ以テ論スレハ、其懸殊《けんしゅ》モ亦甚シ」

〔その国土の形や位置、面積それに人口はほとんどわが国と同じようである。そこでこの国の人は日本のことをしばしば東洋の英国と呼ぶ。しかし、経済力を比較すれば、その隔たりはきわめて大きい〕

と記し、同じ島国でありながら彼我の国力の差が甚大なことを率直に認めている。

ただし、ここで留意すべきは、イギリスが必ずしも一極覇権を標榜《ひょうぼう》せず、むしろ競合国との共存を容認することで、パクスブリタニカの盤石をはかろうとしていた点である。

「食べきれないほどの料理をテーブルに積みあげるほどわれわれは愚かではない。ただすべての料理を好きなときに、好きなだけ食べられさえすればよいのだ」――これこそが、イギリス帝国主義の流儀であった。

実際、各国の旅客と貨物はイギリス船舶が輸送し、保険会社ロイズが輸送時の損害を補償し、手形・証券類は商業・金融の拠点シティ・オブ・ロンドン、通称シティで決済をおこなっ

た。そうなると、競合国の経済成長がかえって、イギリスの富を増大させることにつながる。

つまり、使節団が訪れた頃のイギリスは、世界の富を自国のために利用できる地球規模での物財循環システムを構築していたのだ。そして、これこそがパクスブリタニカの名で呼ばれる国際秩序の真髄であった。

## 二、海底電信線路の拡張

それでは、イギリスの国際的な経済支配を可能にした条件とはなにか。なぜイギリスは、かくも広大な経済圏に対する覇権を確立できたのか。

ダニエル・R・ヘッドリク（Headrick, Daniel R.）は、国際関係史・軍事史を一九世紀中葉にはじまる元祖IT革命に照らして読み解くことで、イギリスが高度な海底電信技術によって維持される植民地大国であった事実をあきらかにしている。曰く、

「一八七〇年までに、イギリスの企業だけが長距離電信ケーブルの生産方法を開発し、その電信ケーブルを敷設するための船や実用的知識も発展させた。また、多額のポンドをリスクの多いハイテク事業に投資し、それを失いながらも再び試行しうるような巨大で弾力的な資本市場を持っていたのも、イギリスだけだった。（中略）

また、電信ケーブルの中継基地として適切な植民地および島嶼を全海洋において保持していたのも、イギリスだけであった。（中略）

その結果、イギリスは一八七〇年までに北アメリカ、ヨーロッパ、中東、インドと直接通信できるようになった。フランス、ドイツ、アメリカ合衆国がまだ国内通信ネットワークの構築を試みていたときに、イギリスは世界中と通信する新しい手段を駆使する準備を整えていたといえよう。（中略）

商業的観点からすれば、こうした覇権は、得られるべくして獲得されたものだった。（中略）電信拡張期を通じて、イギリス政府はこの分野には関与せず、間接的に支援するのみであった。電信ケーブルは、外観上は政治と無関係な雰囲気のなかで生み出された商業的事業だったため、電信ケーブルがその所有者に対してどの程度の政治的権力を与えることになるのかを当時推測し得た者はほとんどいなかった。

しかしながら、長期的にみれば、イギリスの支配力は貿易やその海軍力だけではなく、電信ケーブルが提供する情報にも依拠していたのである」（横井勝彦・渡辺昭一監訳『インヴィジブル・ウェポン　電信と情報の世界史1851―1945』）

ここで海底ケーブル――右の引用にある「電信ケーブル」――を技術的な観点から眺めると、当初、導線をいかにして海水による腐食から護《まも》るのか、すなわち絶縁性の確保が大きな問題として立ちはだかった。この問題を解決したのが、ガタパーチャである。

これは東南アジアの多雨林地帯に生育するアカテツ科のパラキウムから採取されるゴム状の

乳樹脂で、空気にふれると酸化するが、低温の水中ではほとんど変質しない。加えて、優れた絶縁性も備えていることから、海底ケーブルにとっては格好の被覆素材となった。

このパラキウムの群生地マレー・ボルネオを支配していた国こそがイギリスなのだ。圧倒的な海上軍事力を基盤とした世界規模での植民地支配体制が、海底ケーブルの生産・販売における同国の独壇場を実現した。一八四〇年代なかば以降、イギリスの民間事業者たちは続々と海底電信事業への参入を開始する。

まず、一八四五年にジョンとジェイコブのブレット兄弟（兄：Brett, John W.／弟：Brett, Jacob W.）がイギリス―フランス間を海底ケーブルでつなごうと、ゼネラル・オーシャン電信会社（General Oceanic Telegraph Company）を設立。五〇年八月二八日、英仏海峡に最初の海底ケーブルを沈めてドーバー―カレー間の直通電信に成功するも、翌日漁師が誤ってこれを切断。翌五一年九月二五日に再度敷設をおこない、一一月一三日に竣工した。

この成功によって海底電信ブームが起こり、一八五三年からイギリスとアイルランド、スコットランド、ベルギー、オランダ、デンマーク、スウェーデンをむすぶ北海海底電信線路が竣工する。五四年にはジョン・ブレットが地中海海底電信会社（Compagnie du Télégraphe Electrique Sous-Marins de la Méditerranée）を設立して、イタリア―コルシカ島―サルデーニャ島をむすぶ地中海電信線路を開通させた。五五年、地中海―黒海をむすぶ黒海電信線路も敷かれ、情報はそれらを介してヨーロッパ各地を短時間で駆けめぐる。

そしていよいよ、大西洋に隔てられたイギリスとアメリカを海底ケーブルでつなぐという壮大な計画が実行に移された。一八五七年、アメリカの実業家サイラス・フィールド（Field, Cyrus W.）が設立したニューヨーク・ニューファンドランド・ロンドン電信会社（New York, Newfoundland and London Telegraph Company）とジョン・ブレットが設立した大西洋電信会社（Atlantic Telegraph Company）は、図版31に描かれたように、ニューファンドランドのトリニティ湾とアイルランドのヴァレンシアとのあいだに海底ケーブルを沈める。以降、二度の失敗を経て、一八五八年八月五日、全長三二四〇キロメートルにおよぶ海底ケーブルの敷設に成功した。

早速、この歴史的な海底電信線路を介して、ヴィクトリア女王から第一五代大統領ジェームズ・ブキャナン（Buchanan, James）宛に「いと高きところは、栄光神にあれ。地には平和、主の喜び給う人にあれ」という祝電が送られた。ブキャナンもただちに女王宛答辞を送信している。一時間当たり数語の通信容量であったらしい。

図版32は両者のあいだで交信された記念電文である。旧世界と新世界が海底ケーブルでむすばれたという報に接したニューヨーク市民は熱狂し、ブロードウェイはこの快挙を喜ぶ一万五〇〇〇人の群衆であふれたという。

さきに引いた『西洋事情』初編の「水底ノ傳信線ハ千八百五十一年英國ノドーウルヨリ佛蘭西ノ海岸ニ通スルモノヲ初トス　爾後此法ニ效テ諸處ノ海底ニ線ヲ沈メ千八百五十八年ニハ

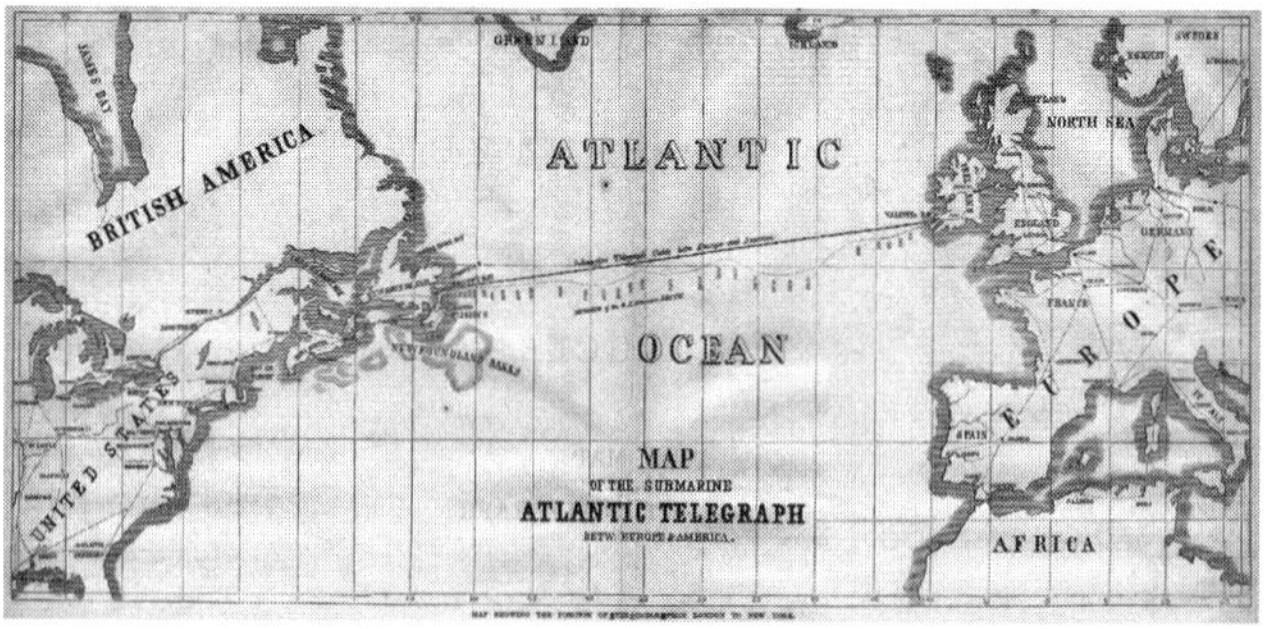


図版 31　大西洋横断海底電信線路図

図版 32　ヴィクトリア女王とブキャナン大統領の交信電文

亜多喇《アタラ》海ヲ横キリ　亜米利加ト英國トノ間ニ線ヲ通シタリ其長サ日本ノ里數ニテ殆ント千里ニ近シ」という記述は、まさに情報通信史上に残る右の出来事を伝えたものなのだ。

イギリスはしかし、大西洋海底電信線路以上に、インドをはじめアジアに有する植民地同士をつなぐ電信線路の敷設を急いだ。一八五六～六六年の一〇年間、ブレット兄弟やライオネルとフランシスのギズボーン兄弟が、イギリス―インド間を電信でむすぶ事業に挑戦するが、いずれも資金難から頓挫している。

このとき頭角を現したのが、マンチェスターの綿織物製造業者ジョン・ペンダー（Pender, John）である。大西洋電信会社の重役を務めていた彼は、本業で蓄えた財産を投じて、まず海底ケーブルの芯線を製造するガタパーチャ社（Gutta Percha Company）と鎧装《がいそう》製造業者のグラス・エリオット社（Glass, Elliot and Company）を合併させ、海底電信敷設を専門に請け負う電信敷設維持会社（Telegraph Construction and Maintenance Company）、通称テレコンを設立。ついで、一八六八～七〇年に数件の海底電信運営会社を買収し、一八七二年にこれらを合併させて大東電信会社（Eastern Telegraph Company）を創設した。

ペンダーは、この統合過程で各社が保有する海底ケーブルを手中に収め、ジブラルタル海峡―マルタ島―スエズから紅海をとおってアデン経由でインドに至り、そしてインドのボンベイ（現 ムンバイ）からシンガポールを経て香港に到達する長大な海陸電信線路を完成させたのである。

かかる動向に関連してヘッドリクは、海底電信敷設に必要な技術的知識＝ソフトウェアと海底ケーブルや敷設用船舶等の機材＝ハードウェアのほとんどすべてが、テレコンと大東電信グループによって握られていたことの意味を強調している。つまり、産業革命を契機として急速にすすんだ民間資本の高蓄積が、イギリスによる国際電信網の構築と支配に道を開いたわけである、と。

さきの引用にある「覇権は、得られるべくして獲得された」というヘッドリク言葉は、圧倒的な海軍力によって制海権を掌握したイギリスが、国際貿易を基盤とする民間経済力の発展を背景に大陸間をむすぶ海底電信敷設を推進。これによって異文化地域が混在する「太陽の沈まない帝国」の一体化をはかると同時に、広範囲におよぶ海陸電信線路を支配することでシティを国際金融取引の中心地とし、世界経済をイギリスの従属下に置くことができた、という事実を指している。

使節団が渡英したのは、まさにイギリスが世界各地に保有する植民地同士をつなぐ海陸電信線路を完成させた時期であった。この電信線路は、イギリスの植民地が地図上で赤く塗られていたことにちなみ、オール・レッド・ラインと呼ばれた。これについて『実記』第二十五巻「倫敦府ノ記 下」は左のように記している。

「英國全地ニ通セル電線ノ長サハ、二萬二千三百十九英里、其海外ニ通セル所ノ長サ一萬二千三百八十二英里ノ長キニ及フ、其大畧《そのたいりやく》ヲ擧レハ、本國ノ西南岸ヨリ、西班牙ノ角ナル『ヂブラルタル』〈英領ノ砲臺〉、夫《それ》ヨリ地中海底ヲスキ『マルタ』ニ至リ、更ニ埃及《エヂープト》國ノ亞歴山大府《アレキザンドリヤ》ヨリ、陸路『シュウェス』ニ至リ、紅海ノ底ヲスキ『アデン』ニ至リ、印度ノ孟買《ボンペイ》ヨリ内地ヲ貫キ、夫ヨリ『ピーナン』、新嘉坡《シンガポール》ニ至リテ、『オ、スタラリヤ』ニ達ス、大抵半地球ヲ貫通シテ、日日相報告ス、世界ノ事ハ、猶之ヲ掌ニミルカ如シ」

〔英国全土に張られた電信線の延長は約三万六、〇〇〇キロメートル、海外への電信線は約一万九、八〇〇キロメートルの長さに達している。その概況を述べると、本国の西南岸からスペインのジブラルタル岬〈英領の要塞〉を経て地中海の海底をマルタ島に至り、さらにエジプト領アレクサンドリアから陸上をスエズまで達し、紅海海底を過ぎてアデンに至る。そこからインドのボンベイに行きインド内陸を貫いてペナン、シンガポールからオーストラリアに達している。だいたい地球のなかばを結んで、日々互いに通信が行われている。世界中の情報が掌中にあるわけである〕

最近では、トム・スタンデージ（Standage, Tom）がモールス符号で情報を交換する電信の特性に鑑み、オール・レッド・ラインをデジタル方式にもとづく地球規模での情報通信網の嚆矢《こうし》と位置づけ、これを基線として世界各地に張りめぐらされた電信線路の総体（図版33）に「ヴィクトリアン・インターネット」という洒落た名称をあたえている。

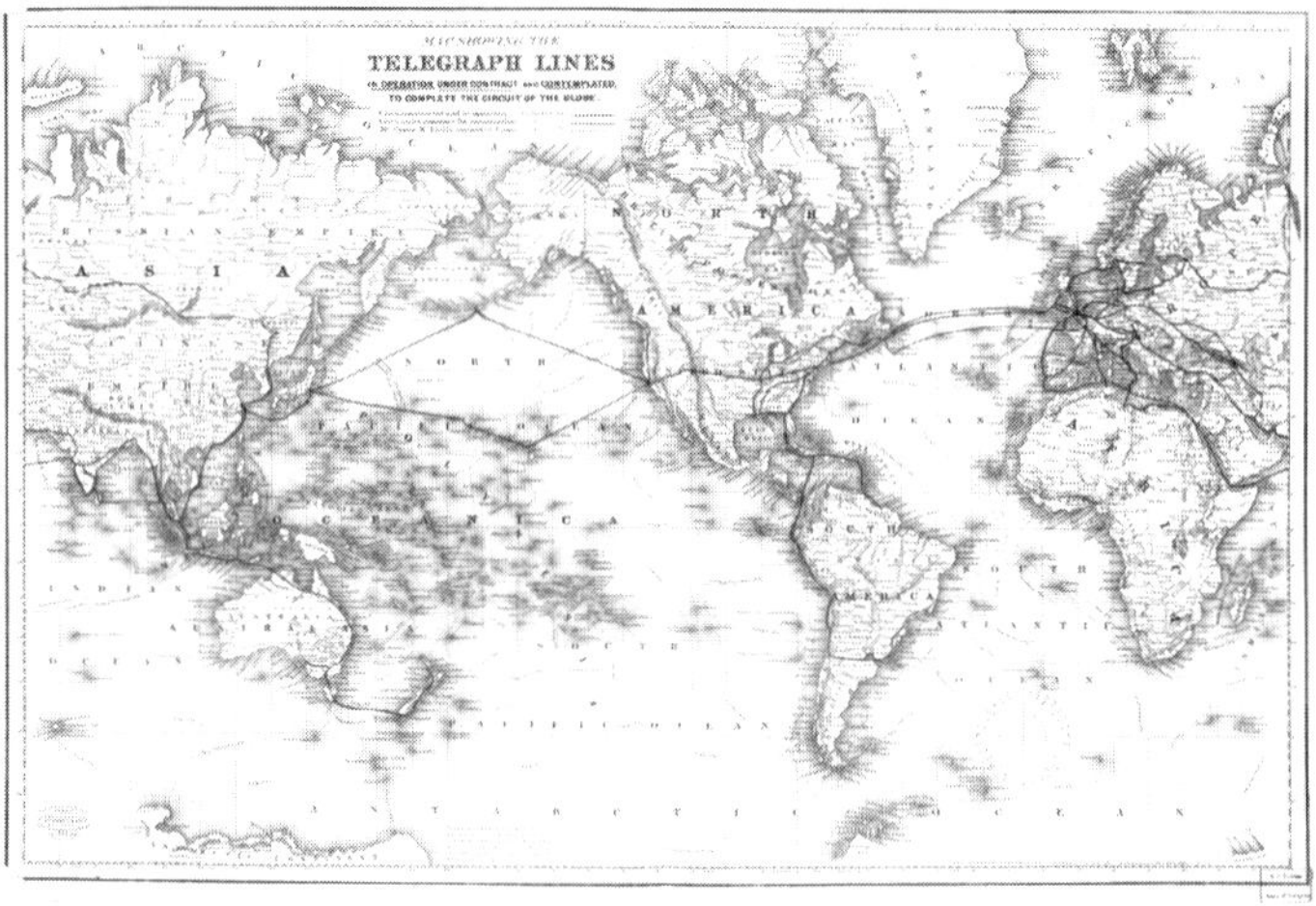


図版33　国際電信網（ヴィクトリアン・インターネット）

――『西洋事情』初編に描かれた珍奇な扉絵は絵空事でなく、まがうかたなき世界の真実だったのだ。

　使節団一行はあらためてそう実感したのではないか。また、同時に、

――電信がつなぐ「世界」という環《わ》のなかに、日本もみずからの力量で参加せねばならない。

との意も強くしたことであろう。

　すでにふれたが、明治三年八月、国際電信市場で大東電信会社に次ぐシェアを持つデンマークの大北電信会社が、日本に海底電信敷設の認可をせまった。明治政府は社会基盤《インフラ》への外国資本の進出を植民地化の第一歩とみなして警戒していたが、大国ロシアが同社を支援していることから、拒絶が無用の対立を惹起すると危惧して、渋々同社に認可をあたえ

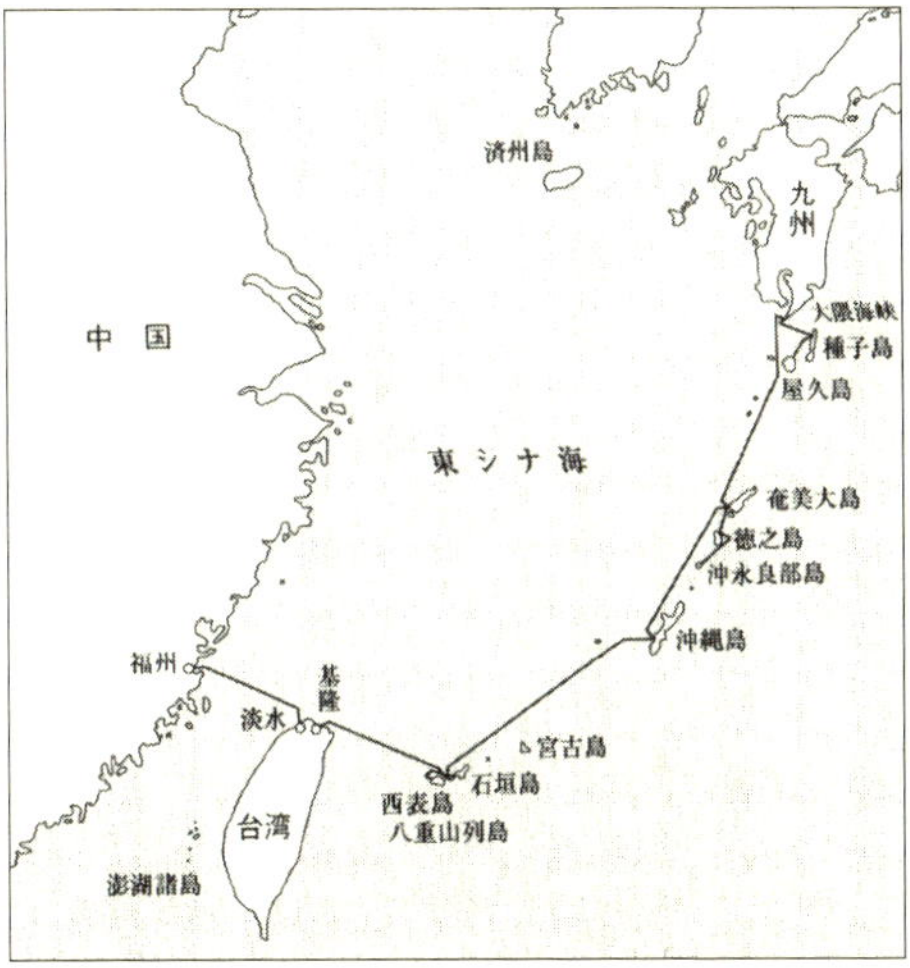

図版34　九州－台湾海底電信線路図

ている。

　こうして、使節団出航直前の明治四年六月、大北電信会社は上海からの海底ケーブルを佐賀県［のち長崎県］の千本海岸に陸揚げして居留地内の同社管轄局につなぎ、上海―長崎間の海底電信線路を完成させ、日本―中国間の電報取扱を開始。ここに明治日本も国際電信網のなかに参加できたのである。

　けれども、それが外国資本の力によるものとあっては、「みずからの力量で」などとは到底いえない。

——外国の力を恃《たの》むことなく、自前の海底ケーブルを国際電信網につないでこそ、近代国家の一たることを世界に堂々と宣言できる。

　この思いが実をむすぶのは、使節団の欧米歴訪から二〇年以上を経た明治三〇年七月のこと。日清戦争（一八九四～九五年）に勝利した日本は、列強が「後進国には無理」と冷笑するなか、植民地として獲得した台湾と本土［九州］のあいだに海底ケーブルを沈め、台湾を経由して国際電信網につながる日本独自の海底電信線路（図版34）を敷く。

海底ケーブルを沈めるのに使用された沖縄丸はイギリス製であったが、それ以外は欧米の支援や指導をいっさい仰ぐことなく、日本人が測量から局舎建築、はては電信機の製造に至るまで、難工事の全工程を完遂したというニュースは、まさに国際電信網をつうじて世界に配信される。

この事件は欧米列強に対して日本の近代化の成果を知らしめる契機となり、かつて使節団が蹉跌《さてつ》した不平等条約の改正にも大きく貢献することとなった。九州─台湾間に沈められた海底ケーブルは、縁の下ではなく海の底から、明治日本の独立を援《たす》けたのである。

## 三、帝国主義の手先として

イギリスの誇る国際電信網の中枢が、ロンドン市内東部のシティに置かれた「電信寮（電信局）」である。他区との境界を関門で仕切ったシティは、まさにイギリスの経済力を象徴する空間として、一種独立の風を漂わせていた。

わずか二・四平方キロメートルの空間であるが、シティには約一六万もの人びとが暮らし、金融機関や各種の会社・取引所が集中する。そこに内外からの情報を束ねる電信寮が設けられたのは、当然といえば当然のことであろう。

明治五年八月一六日、使節団一行はパークスの案内で、のちに国費留学生の夏目金之助（漱石）に幻想的な短編小説のモチーフをあたえる「タウエル、オフ、ロントン（ロンドン塔）」を見学。処刑場跡や牢獄、そして拷問具の陳列に「意思竦然《しょうぜん》タラシム（ぞっとするような思いがする）」という体験をしたのち、電信寮へとむかう。『実記』第二十五巻「倫敦府ノ記下」は、パクスブリタニカをささえる電信寮の様子を左のように描く。

「電信寮、此ハ『シチー』内ニアリ、元諸會社ニテ分ケ持タルヲ、一千八百七十年ノ仕組ニテ、政府ニ總持シ、未タ其公館ヲ設クルニ遑《いとま》アラス、故ニ此ヲ假《かり》局トナス、寮小ニ線多ク、寮寮ミナ案《つくえ》ト人トヲ攙立《さんりつ》ス、僅ニ往來ヲ通スルニ足ルノミ、(中略) 凡ソ英國ニテ電報ノ數《かず》ハ去年ノ統計ニヨルニ、總《すべ》テ一千二百七十萬件アリテ、八十萬磅ノ利益ヲ得タリ (中略) 内地ノ電線局ハ、三千三百七十二ケ所、鐵道ニ附屬ノ電信局ハ、千八百〇七ケ所、取扱フ人員九千〇十三人ナリ」

〔電信局。これはシティの中にある。以前はいくつもの会社に分かれていたが、一八七〇年に組織が改められて一つの政府機関となった。しかし、まだその建物を建てる時間がなく、以前のものが仮の局舎になっている。建物は小さく、電信線がたくさんあるために部屋という部屋はデスクと人でいっぱいで、やっと通れる隙間しかないほどである。(中略) 英国において扱われている電報の総数は、昨年の統計によると一、二七〇万件で、八〇万ポンドの利益が上がっている。(中略) 国内の電信局は三、三七二か所、鉄道に付属した電信局が一、八〇七か所あり、従業員は九、〇一三人である〕

電信寮が予想外に小さいことと、老朽化していることに、いささか拍子抜けした風情もうかがえる。じつは一行の訪問当時、イギリスの電信事業は民営から国営に体制移行したばかりであった。それまでは民間の電信会社が利益のあがる都市部に集中し、利用料金をきわめて高く設定——二〇字三〜四シリング——していたことから、国民の多数は電信の便利さを享受できなかったのである。

そこで一八五四年に議会がこの状況を問題視して以降、一般市民、商工業者、新聞社等と電信会社、鉄道会社、その株主たちが、電信事業の在り方をめぐり白熱した議論を戦わせていく。そして、明治維新と同じ一八六八年、ベンジャミン・ディズレイリー（Disraeli, Benjamin）率いる保守党政権が電信法案を議会に提出、電信事業を郵政省のもとに一元化することを提案した。

この法案は翌年に可決され、「郵政大臣は大ブリテン島およびアイルランド連合王国内で、本人みずからかその代理人、それぞれの職員や代行機関によるか否かを問わず、電文の交信にかんする排他的独占権を有するものとする。また、電信業務に付随する電文の受信及び集配の全業務についても同様とする」と謳った第四項によって、電信事業の国営化が正式に決議される。

当時のイギリス国内には約三〇〇〇の電信局が存在し、約三〇〇〇万件の国内電報と約三七〇万件の海外電報を処理していた。三〇〇〇局のうち約三分の一にあたる一二二六局は鉄道駅の付属局である。これはおそらく、既述のように、同国の電信利用がまず列車運行管制からはじまったことによるものだろう。

一八七〇年一月、国内電信事業はシティの電信寮に吸収一元化されたが、使節団一行が電信寮を視察したときには、電信局数が三三七二局に増加し、電報料金も二〇字までが一シリングとなり、民営時代に較べると三分の一から四分の一にまで値下げされていた。無論、利用者には大きな利益であり、取扱電報数は年を追うごとに増加していく。

ついでながら、本章冒頭にコナン・ドイルの『シャーロック・ホームズ』シリーズから短編“The Adventure of the Dancing Men”〔邦題「踊る人形」〕の一部を引用したが、ヴィクトリア朝ロンドンを舞台にしたこの傑作シリーズには、国内電信・海外電信が難事件を解決にみちびく重要な道具《アイテム》としてしばしば登場する。

閑話休題。

電信利用件数が増加するにつれて、郵便局が電報をあつかうこともめずらしくはなくなった。久米が『実記』「倫敦府ノ記 下」で「英國ニテ郵便ノ仕組ハ、人口五千人ニ一ノ取扱所ヲ設ク〔英国の郵便制度では、人口五、〇〇〇人に一つの局を設ける〕」と紹介しているように、郵便局はロンドン市域だけでも一〇〇〇局開設されていた。そのために、利用者にとっては電信局を探すよりも郵便局を探すほうが早かったのである。

ただし、イギリスの国内電信事業は、議会・政府主導型の典型的な公益事業であった。使節団訪問時はまだ利益を計上していたが、採算度外視の経営方針のもとでは、取扱電報数と収入額が増加しても、低料金維持や新聞社に対する優遇料金の適用、さらには局員の賃上げ等、世論重視の事業方針によって支出額も相当に膨らむ。その結果、イギリスの国内電信事業は、支出が収入を恒常的に超過し、赤字が年々累積する不採算事業となっていく。

使節団はアメリカで莫大な独占利潤を享受するＷＵＴＣのような巨大民間企業をみた。他方、イギリスは、国内電信事業を民営から国営に移行し、一般利用者の利便性を高める政策をとっていた。『実記』は基本的に実録の書たることを旨としているために、民営・国［官］営の長短や日本への適合性についてはふれていない。

しかし、封建的な地方分権体制＝幕藩体制を止揚したばかりの明治日本は、民間資本の成熟を待たずに、産業資本主義を軸とする近代化に舵《かじ》を切らねばならなかった。いきおい明治政府＝官による強権発動的な経済改革をすすめるよりほか、列強の脅威から国家の独立を護《まも》る術を持っていなかった。

この前提に立てば、欧米渡来の近代事業《ビジネス》はその種類を問わず、さしあたり官営でおこなうか、いわゆる政商［岩崎彌太郎、五代友厚《ともあつ》、安田善次郎《ぜんじろう》といった政府との癒着によって利益を享受した特権的な実業家］と組んで半官半民の形式でおこなうか、いずれかを選択せねばならない。少なくとも、使節団派遣時において、巨額の設備投資が必要な輸送や通信といった社会基盤《インフラ》事業を完全な民営体制で実施するという考えは、まだ為政者たちの頭のなかにはなかったであろう。

確認しておくと、明治日本の通信行政は当初から一貫して政府主導＝官営ですすめられた。使節団派遣中の明治五年九月二日、工部省は民間資本による電信架設の請願をすべて却下する左のような案件を太政官に稟議《りんぎ》している。

「私線ニテハ、自然政府ノ樞機《すうき》ニ關係ノ儀ハ勿論、臨時種種差支候儀モ有之、且人事ヲ便ニスルハ固《もと》ヨリ國内保護ノ筋ニ候ノミナラズ交際各國へ關渉《ママ》致シ候ヘバ、到底政府ニ取扱不申候テハ不相叶儀ニ有之」

〔民間の電信線では、当然にも、政府の機密事項はもちろん、火急の有事において何かと差し障りもあろう。くわえて、国民の便益に供することはもとより、国内治安の維持、外国との交際を考えれば、民間の電信は到底官営の電信にはおよばないだろう〕

つまり、電信を民営化すれば、国家機密や治安維持、外交に属する情報のやりとりになにかと支障や不都合をきたす、というのが官営体制の根拠とされたのである。

留守政府がこの稟議を裁可したことを受けて、帰朝後に工部卿となった伊藤は、明治七年九月二二日に日本帝国電信条例を発布した。これによって、以降も電信事業を官営でおこなうことが正式決定される。

たしかに民営基調のアメリカでも、南北戦争時には「合衆国政府に対して全面的に協力する限りにおいて民営体制を認めるが、それができない場合には所有電信線路を政府が接収する」という条件が、WUTCをはじめとする電信各社に通達されている。また、イギリスの場合、国内電信事業が国営化されたあとも、地球を一周する自慢の海陸電信線路については民営体制が維持された。

もっとも、イギリス外務省は海底ケーブルを介して交信される電文を定期的に傍受し、他国にさきんじて情報をつかんでいる。これが植民地経営をはじめ、外交や経済活動における優位を保つのに多大な貢献を果たし、パクスブリタニカを陰でささえたことは、あらためていうまでもなかろう。

以上のことを勘案すれば、深刻な内憂外患を抱える明治政府には、電信事業をはじめるにあたって、官営以外の選択肢がなかった。ただし、ここで留意すべきは、政商を中心に民間資本が資金力を蓄えてからも、通信行政においてこの方針が貫かれたことだ。

明治一六（一八八三）年にはじまる電話創業にむけての取り組みでは、事業主体をいかに定めるべきかが争点となった。当時の工部卿は使節団理事官であった佐々木高行。彼が太政官への伺書に「電信・郵便と同じく官営」・「民間委託」・「半官半民」という三案を併記したところ、西南戦役後の財政難に苦慮していた太政官は「民間委託」、つまり民営案を支持する。

じつはこの頃、実業界の大御所である渋澤栄一が、三井物産総帥の益田孝《ますだたかし》や大倉財閥創始者の大倉喜八郎《きはちろう》ら財界有力人を糾合し、民間電話会社の創設を検討していた。そんななか、明治一八年一二月に政体が太政官制から内閣制に移行、工部省が廃止されて、通信関連業務が新設の逓信省に移管される。同省の初代大臣となった榎本武揚《えのもとたけあき》［旧幕臣：図版35］は、渋澤らの動

図版 35　榎本武揚

図版 36　野村 靖

図版 37　林 董

向も考慮に入れて、太政官の意向を引き継ぎ、民営ベースでの電話創業をすすめようとした。

　これに真っ向から反対し、電話官営論を強硬に主張したのが、逓信省次官の野村靖（図版36）である。使節団随行員としてプロイセンの通信事業を視察し、また明治一八年一一月にもドイツを訪れた経験から、野村は「官庁・警察・軍事関係の機密保持」を重視して、電信・郵便と同じく電話も官営体制でおこなうべきであると主張した。

　電話事業の運営主体をめぐる榎本大臣と野村次官の対立は容易に決着せず、電話創業はふたりのあいだで宙に浮く。そのとき、「通信は国民生活の神経組織であるから、それを完全に掌握すれば必ずや国富の増大につながる。反対に、これを民間に委ねれば国家の大きな損失となる」と榎本に説いたのが、逓信省庶務局長の林董三郎《とうさぶろう》（董《ただす》：図版37）。使節団の二等書記官であった林は、榎本の姻戚《いんせき》であり、戊辰戦役の折にはともに函館五稜郭に籠城して薩長軍と戦った仲でもある。

　林が榎本と野村のあいだに立って仲裁役を務めた結果、逓信省は「官営にて電話事業を開始する」という方針を正式に打ちだすこととなった。明治二二年三月三一日付『時事新報』には左の記事が掲載されている。

「さてこれ［電話事業——引用者］を官立とし、民立とするかに就いては、（中略）評議つい《ママ》に一決して、これを官設とし、営業的の仕組を以て架設するの議案を、先頃内閣に呈出したるが（中略）両三日前の内閣会議にて、滑かに経過したる由《よし》なれば、いよいよこれを実行する期も、けだし遠きにあらざるべし」

使節団の一員として欧米の通信事業にふれた佐々木、野村、林が、電話事業の運営主体をめぐる政策決定において重要な役割をになったことは、『実記』に記された欧米の制度・文物にかかわる洞察が、その後の我が国行政各方面でどのように活かされたのか、その一端を知るうえで貴重な後日談といえよう。

ついでながら、通信行政にかんする全権を握った逓信省は、このあと巧妙な二面戦略を展開した。すなわち、電信・電話事業をもっぱら国家都合に従属する軍事・治安維持の戦略装置と位置づける一方で、郵便事業を公衆向けの安価な通信手段として整備していくのである。

郵便制度については、使節団もアメリカのワシントン中央郵便局、そしてイギリスのシティ中央郵便局を視察している。先述のごとく、後者はイギリス全土に設けられた郵便局を統轄して盛況を極めており、久米も取扱郵便物数の膨大なことに感銘を受けたようだ。『実記』「倫敦府ノ記下」は、左のように記している。

「郵便ノ一項、其事務タル實ニ劇要ナリ（中略）千八百七十一年、一歳ニ内外ノ信書ヲ總計セルニ、十一億一千七百萬封、其内届ケ先不明了ニテ『ポストオフィス』ニ回セルモノ、只三百五十萬封アリテ、中ニ全ク沒書《ぼっしょ》トナリタルハ、十七萬封ニスキス（中略）郵便切手ノ代價ヲ收メルヿ《こと》、四百八十八萬磅、其内ヨリ三百六十一萬一千磅ヲ雑費ニ消却シ、餘ル所ノ一百二十六萬九千磅ハ、大政府ノ歳入ニ歸セリ」

〔郵便という仕事は実に活気に満ちている。（中略）一八七一年一年間の内外の書簡を総計すると一一億一、七〇〇万通、そのうち届け先がはっきりしないので郵便局戻しとなったものはわずかに三五〇万通、そして全く不明のため配達不能になったものは一七万通に過ぎなかった。（中略）郵便切手の収入は四八八万ポンド、そのうち三六一万一、〇〇〇ポンドが経費にかかり、差し引き一二六万九、〇〇〇ポンドが政府の収入となった〕

けれども、使節団がロンドンにあった明治五年七月一日、大蔵省駅逓寮は駅逓頭《えきていのかみ》である前島密《ひそか》（旧幕臣：図版38）の卓越した手腕のもとで、全国的な郵便制度を開始していた。

前島は国家財政が厳しい折から、旧名主に官吏待遇を与え、それと引き換えに彼らの屋敷を郵便取扱所［のちの特定郵便局］に指定する方法によって、一年間で全国各地に一〇〇〇余軒の郵便取扱所を開設。電報に比して料金が格段に安い郵便は、上流から下層に至るまで幅広い人びとが日常気軽に利用する、文字どおりの公益通信事業となった。

これに対して、電信と電話は建前として公益通信を謳《うた》いながら、その実質において経済的要請と採算をほとんど度外視し、軍事・行政にかかわる情報伝達機構として拡張を遂げる。すでに工部省電信寮が明治一〇年までに列島縦貫電信線路をほぼ完成させており、逓信省の成立後はそこから国内の軍事・産業拠点や海陸交通の要衝にも支線を伸ばしながら、やがて政府の帝国主義路線に呼応するかたちで大陸にまで進出していく。

後発の電話もまた、公衆対象のサービスを敢えて抑制する一方、有事には大規模な軍用電話線路を架設し、戦後になるとそれを公衆サービスに供することで、公益通信事業としての面目を保つ。

図版38　前島　密

このように電気通信は、アジアにおける日本の版図拡大を陰からささえた。久米がオール・レッド・ラインにイギリスの覇権の秘密を看破したごとく、戦前日本においても電信と電話はまさに帝国主義の手先としての役割をになわされたのである。

# Ⅳ　鉄血宰相の権力装置

国家はすべて、いかなる時代であってもいかなる政体を選択しようとも関係なく、自らを守るためには、力と思慮の双方ともを必要としてきたのであった。なぜなら、……　思慮だけならば、考えを実行に移すことはできず、力だけならば、実行に移したことも継続することはできないからである。……

……すべての国家にとっては、領国を侵略できると思う者が敵であると同時に、それを防衛できると思わない者も敵なのである。……どこの国が今までに、防衛を他人にまかせたままで、自国の安全が保たれると思ったであろうか。

——ニコロ・マキアヴェッリ

『若干の序論と考慮すべき事情をのべながらの、

資金援助についての提言』より

## 一、新興プロイセンへの期待

明治五（一八七二）年一一月一五日、使節団一行は避暑を終えたヴィクトリア女王にロンドン郊外のウィンザー城で謁見して国書を奉呈した。イギリス滞在はすでに四ヵ月に近く、その間も一行はパークスの案内でロンドン、リバプール、マンチェスター、グラスゴー、エジンバラ、ハイランド地方、ニューカッスル、シェフィールド、バーミンガム等の産業拠点を巡覧し、官公庁、商工業施設を視察、あわせて景勝地も観賞している。

国書奉呈の翌日、使節団は夜明け前のロンドンの街をバッキンガムパレス・ホテルからヴィクトリア駅へとむかい、イングランド東部の平原地帯を汽車に揺られて午前九時にドーバー港に到着。英仏海峡三四キロメートルを渡り、同日正午カレーに入港。午後一時、汽車で一路フランスの首都パリをめざした。

『実記』第四十二巻「巴黎《パリー》府ノ記　一」に「名都ノ風景、自ラ人目ニ麗《ウルハ》シ〔有名なこの都の風景の美しさが目を楽しませてくれた〕」とあり、その壮麗さにはロンドンも遠くおよばず、一行は「文明ノ中樞〔欧州文明の中心〕」にきたことを実感した。「宛《さなが》ら天堂に入つたやうで、是から復《また》

『驚く』の語を連発せねばなるまいと覺悟した」というのは、のちに久米が回顧録にしたためたところである。

一行が「人ヲシテ愉悦セシム〔人を楽しませる〕」パリを文字どおり満喫していた一一月二二日、驚愕の知らせが国際電信網を介してもたらされた。『実記』第四十三巻「巴黎府ノ記 二」に曰く、

「二十二日　陰　此日英國辨務使ヨリ、日本ニテ改暦、及ヒ服制改正アリシ、電信到著《ママ》ノ〓《こと》ヲ報知アリ、因テ來月三日ヲ、新暦明治六年第一月一日トスル旨ヲ衆ニ公布ス」

〔この日、英国の寺島弁務使から、日本で暦が改められ、また、官の服制の改正があったという電信が着いたとの知らせがあった。そこで、来月の三日を新しい暦の明治六年一月一日とする旨、一同に公布した〕

数日前にヴィクトリア駅ホームで一行を見送った寺島宗則〔明治五年一〇月に初代駐英公使を拝命〕から届いた外電によると、留守政府が太陰暦＝旧暦から太陽暦＝新暦への変更を閣議決定したという。改暦一〇日前に一片の外電でこれを報じた留守政府の態度について、久米も回顧録に「寝耳に水を灌《そそ》がれた如く、委細の情實判《わか》らず（中略）何の必要あつて改暦したかは、大使・副使以下書記官連も理解出來ず」と記している。

じつは「閏年〔暦月がひとつ多い一三ヵ月の年〕を設けた旧暦を採用していては、官吏の俸給を余分に支払わねばならず、国家財政の負担になる」というのが改暦の理由であった。このとき暦制改革の中心となったのは、大隈が率いる大蔵省。まさに「鬼の留守に洗濯」である。

かかる思いがけない事件もあったが、使節団はアメリカ、イギリスと並ぶ大国フランスの洗練された文化・文芸に魅了されながら、造幣寮、製鉄所、製陶所、フランス中央銀行、ゴブラン製造場、チョコレート製造工場、羅紗織物工場、香水製造所といった産業施設、そして、陸軍士官学校、モンヴァレヤン砲台、ヴァンセンヌ兵営等の軍事施設を精力的に視察した。

なお、フランスの電信事情については、『実記』第四十一巻「佛朗西國略説」〔原本の例言目次は「佛朗西國總説」となっている〕に「電信線ハ、總《すべて》長サ三万六千八百『キロメートル』〔電信線の延長は三万六、八〇〇キロメートル〕」という短い記載があるのみ。

明治六（一八七三）年二月一七日〔この年の一月一日より日本は陽暦を採用。以下の年月日は元号と西暦で一致する〕、使節団は二ヵ月滞在した麗都パリを離れ、翌一八日ベルギーのブリュッセルで国王レオポルド二世（**Léopold II**）に、続いて同二四日オランダのハーグで国王ウィレム三世（**Willem III**）にそれぞれ謁見したあと、三月九日にプロイセン――『実記』では「プロシア」と表記――の首都ベルリンに到着した。

すでに使節団は、アメリカ、イギリス、フランスという当時の三大文明国を巡覧してきた。『実記』第四十九巻「白耳義《ベルギー》国總説」に曰く、

「米國ヲ評スルニ、歐洲ノ開拓地ヲ以テシ、英國ヲ世界ノ貿易場トシ、佛國ヲ歐洲ノ大市場トセリ、此三大國ハ、地廣ク民多ク、其營業ノ力ハ、常ニ滿地球ニ管係ヲ及ホス雄國ナルヿ《こと》、其記實ヲミテモ、益《ますます》著明ナルヘシ」
〔米国についてはヨーロッパの開拓地であると批評し、英国については世界の貿易センター、フランスを世界の大市場と呼んだ。この三つの大国は土地が広く、人も多く、その経済力が常に全世界と関係している雄国であることは、これまで書いた記事からますますはっきりとわかったであろう〕

ニューヨーク、ロンドン、パリで使節団一行が体験したのは、もはや技術や富の格差という次元の問題ではない、文明そのものの圧倒的な較差であった。

——我が日本を省みれば、おこなっているのは「文明開化」という皮相で空疎な営みにすぎない。

そんな虚しさが、ふと一行の胸に去来することもあったのではないか。

大久保などはパリ滞在中、知己の西徳二郎に宛てた明治六年正月二七日付書簡で「英米佛等ハ（中略）開化登ルヿ《こと》數層ニシテ及ハサルヿ萬々ナリ〔イギリス、アメリカ、フランス等は（中略）開化がすすみすぎて、とても日本ごときがおよぶところではない〕」と嘆じている。

この嘆きは使節団首脳部の共有するところであった。そこで彼らは、日本と境遇が近く、いままさに強国への道を歩まんとしている新興国家に救いを求める。それこそが六番目の訪問国プロイセンなのである。

『実記』第五十六巻「普魯士《プロシア》西部鐵道ノ記」〔原本の例言目次は「普魯士西部鐵道記」となっている〕には、「其國是ヲ立ルハ、反テ我日本ニ酷《はなは》タ類スル所アリ、此國ノ政治、風俗ヲ、講究スルハ、英佛ノ事情ヨリ、益《えき》ヲウルヿ多カルヘシ〔その国の考え方は、英仏などよりわが国の考え方とたいへん似ているところがある。この国の政治・経済事情を研究することは、英仏の事情を学ぶより利益が多いことがあるだろう〕」との一節がみられる。大久保も右の西宛書簡のなかで、「孛魯《プロシアロシア》ノ國ニハ必ス標準タルヘキヿ多カラント愚考イタシ候」と述べ、これからの視察に対する期待のほどを表明している。

使節団の人びとが密かに期待を寄せ、訪問に胸躍らせたプロイセン。じつは日本とのあいだには、以前から国交があった。いわゆる安政五ヵ国条約の締結から一年を経た安政六（一八五九）年、プロイセンの東ドイツ艦隊が来航し、江戸幕府に外交交渉を求めたのだ。

このときプロイセン外交団代表フリードリッヒ・オイレンブルク（Eulenburg, Friedrich Albercht Graf zu）は、当時のドイツが抱える複雑な事情を幕府代表に明言した。すなわち、「我がプロイセンと正式に通商条約をむすぶと、同国が統《す》べるハンブルク、ブレーメン、リューベック、さらにはその他のハンザ同盟都市等、三六の国々とも同じ条約を締結することになる」と。

プロイセンの国情を知った幕府側は困惑し、神奈川奉行兼外国奉行の堀利煕《としひろ》はプロイセン外交団との秘密交渉や収賄《しゅうわい》を疑われ、切腹に追い込まれる。結局、万延元年の遣米使節団副使を務めた村垣範正《のりまさ》が、自尽した堀の後任として交渉を継続し、万延二（一八六一）年一月二四日、プロイセンのみと修好通商条約を締結することで辛うじて事態を収めた。

それでは、江戸幕府を大いに狼唄させた小国家群の盟主プロイセンとは、いったいどのような国であったのか。『実記』第五十五巻「普魯士《プロイス》國ノ總説」〔原本の例言目次は「普魯士國總説」となっている〕には、左のような紹介がある。

「歐洲大陸地ニ於テ、中央ノ大原野ハ、獨逸《ドイツ》人種ノ住スル域ニテ、其全土ハ甚タ廣ク、中古ヨリ帝王矦《こう》伯、互ニ盛衰ヲナシ（中略）今モ全地ニ貴族多ク、矦伯数十國ニ分ル、其南方ノ部分ハ、墺地利《オヽストリヤ》聯那《れんぽう》ヲナシ、其中央ヨリ佛國境ニ至ル山原ハ、來因《ライン》同盟ヲナシ、南方日耳曼《ゼルマン》ト稱ス、其西北ニ散處スルヲ、北方日耳曼トイフ、北方日耳曼中ニ、最大ナル王國ヲ普魯士《プロイス》トス、近年普魯士ノ勢益盛大ヲナシ、去ル一千八百七十一年ヨリ、南北日耳曼ヲ統一シテ、日耳曼聯那ノ帝位《カイゼル》ニ上リ、首府伯林《ベルリン》府ニ聯那ノ公會ヲ設ケタリ、故ニ外國ニ對シテハ、單ニ日耳曼ノ名ニテ交レ𪜈《ども》、内國ニ於テハ、舊ノ如ク各國ノ治ヲ分ツ」

〔ヨーロッパ大陸中央部の大きな平野は、ドイツ人種が住む地域であって、全域はたいへん広く、中世以来帝王や大貴族が興亡を繰り返して来た（中略）現在でもドイツ全域に貴族は多く、侯爵領とか伯爵領など数十の国に分かれている。その南の部分はオーストリア連邦を形作り、中央部からフランス国境に至る高原地域はライン同盟を作り、南ゲルマン（南ドイツ）とも称される。その西北部に散在する国々は北ゲルマン（北ドイツ）と呼ばれるが、その中で最大の王国がプロイセンである。近年プロイセンの勢いはますます盛んとなり、さる一八七一年、プロイセン国王ウィ《ママ》ルヘルム一世は南北ドイツを統一してドイツ連邦の帝位に就き、プロイセンの首府ベルリンに連邦議会を置いた。そこで、対外的にはドイツの国名で外交を行うが、対内的には従来のように各貴族の所領の自治に任せている」

図版39　ヴィルヘルム一世

プロイセンは、一八世紀なかばから、フリードリッヒ二世［フリードリッヒ大王：Friedrich II］が啓蒙主義的な改革を推進して軍備の増強に努め、次第にヨーロッパ世界での存在感を高めた。やがて一九世紀に入ると、ナポレオン・ボナパルト（Bonaparte, Napoléon）のヨーロッパ支配に対抗して、ドイツ民族のあいだに国民国家への意識が芽生え、「みずからの統一国家を持つべし」という気運が盛りあがる。

これを体現し、小国家群が割拠するドイツを統一へと導いたのが、プロイセン国王ヴィルヘルム一世（Wilhelm I：図版39）と、彼に重用されて同国首相となったオットー・フォン・ビスマルク(Bismarck, Otto von：図版40）である。

図版40
オットー・ビスマルク

『実記』第五十八巻「伯林府ノ記 上」は、今日「鉄血宰相」の異名で知られるビスマルクの略歴を、左のようにまとめている。

「『ビスマルク』侯ハ、一千八百十五年四月一日伯林府ノ出生ナリ、『グッチレセン』ノ學校ニテ、法律學ヲ學ヒ、又語學、交際學ニ達ス、三十三歳ニテ、國會ノ議員ニ擧ラレ、三十六歳ノ時ヨリ佛國ノ在留公使トナリ、四十四歳ノトキヨリ、露國在留公使ニ轉任セリ、千八百六十一年、當日耳曼帝維廉《ウリヤム》第一世ノ代トナリ、再ヒ佛國ノ在留公使トナリ、巴黎ニ使スルヿ《こと》二ケ月、兩國ノ間ニ往來セルトキ、已ニ暗ニ國勢ヲ權衡《けんこう》シ、政略ヲ用フルノ志謀ヲ回《めぐら》シタリ、六十二年ノ九月ニ、外國事務長官、兼内閣總裁ニ登用セラレ、帝ヲ輔佐シテ、其志ヲ伸ヘ、六十四年ニ嗹馬《デンマーク》ヲ破リ、獨逸ノ兩國ヲ復シ、六十六年ニ墺國ヲ破リ、之ヲ獨逸ノ盟會ヨリ離シ、七十年ニ佛國ヲ破リ、『アルサス』『ロルライン』ノ地ヲ獨逸ニ復シタリ、此侯ノ威名ハ、方今世界ニ轟キテ知ラレタルカ如シ」

〔フォン・ビスマルクは一八一五年四月一日にベルリンで生まれた。ゲッチンゲンの大学で法律学を学び、語学や外交技術を身につけた。三三歳で国会議員に選ばれ、三六歳の時駐フランス公使となり、四四歳の時駐ロシア公使に転じた。一八六一年に現ドイツ皇帝ウィルヘルム《ママ》一世の代となり、ふたたび駐仏公使となってパリに二ヵ月滞在、両国間を往復している時にすでに、国力を推し計りながらどのような政略を用いることができるかということについて計画を練った。六二年の九月に首相兼外相に登用されると、国王を補佐しながらその計画の伸展を図り、六四年にはデンマークを破ってシュレスウィヒ、ホルスタインの両地域を取り戻し、六六年にはオーストリアを破って、これをドイツ同盟から孤立させた。七〇年にはフランスに勝ってエルザス、ロートリンゲン〔アルザス、ロレーヌ――引用者〕を獲得した。ビスマルクの威名は、こうして目下世界中に轟いているようである〕

明治六（一八七三）年三月一五日夜、ビスマルクは使節団を晩餐会に招待し、みずからの来歴《これまで》とドイツ統一までの道程《みちのり》を重ね合わせた大演説をおこなう。そのなかで、彼が力説したのは、万国公法の持つ意味が小国と大国ではまったく対照的である、という点だ。右の引用に続けて、久米はその日ビスマルクが使節団に語った内容を抄録している。

「カノ所謂《いわゆ》ル公法ハ、列國ノ權利ヲ保全スル典常トハイヘ𪜈《ども》、大国ノ利ヲ争フヤ、己ニ利アレハ、公法ヲ執ヘテ動カサス、若シ不利ナレハ、翻スニ兵威ヲ以テス、固《もとよ》リ常守アルナシ、小國ハ孜孜《しし》トシテ辭令ト公理トヲ省顧シ、敢テ越エス、以テ自主ノ權ヲ保セント勉ムルモ、其簸弄凌侮《はろうりょうぶ》ノ政略ニアタレハ、殆ト自主スル能ハサルニ至ルヿ《こと》、毎《つね》ニ之アリ（中略）聞ク英佛諸國ハ、海外ニ屬地ヲ貪リ、物産ヲ利シ、其威力ヲ擅《ほしいまま》ニシ、諸國ミナ其所為ヲ憂苦スト、歐洲親睦ノ交ハ、未タ信ヲオクニ足ラス、諸公モ必ス内顧自懼ノ念ヲ放ツヿハナカルナラン、是予カ小國ニ生シ、其情態ヲ親知セルニヨリ、尤モ深ク諒知スル所ナリ（中略）故ニ當時日本ニ於テ、親睦相交ルノ國多シトイヘ圧《ども》、國權自主ヲ重ンスル日耳曼ノ如キハ、其親睦中ノ最モ親睦ナル國ナルヘシト謂ヘリ」

〔かのいわゆる「万国公法（国際法）」は、列国の権利を保全するための原則的取り決めではあるけれども、大国が利益を追求するに際して、自分に利益があれば国際法をきちんと守るものの、もし国際法を守ることが自国にとって不利だとなれば、たちまち軍事力にものを言わせるのであって、国際法を常に守ることなどあり得ない。小国は一生《ママ》懸命国際法に書かれていることと理念を大切にし、それを無視しないことで自主権を守ろうと努力するが、弱者を翻弄する力任せの政略に逢《ママ》っては、ほとんど自分の立場を守れないことは、よくあることである（中略）聞くところによると英仏両国は海外植民地を搾取し、その物産を利用して国力をほしいままに強め、他の諸国はみな両国の行動に迷惑を感じているという。ヨーロッパの平和外交などはまだ信用するわけには行かない。みなさんもきっと顧みてひそかな危惧を捨て去ることができないのではないか。そのお気持ちは私自身小国に生まれ、その実態をよくよく知っているので、実によく理解できるところである（中略）したがって、現在日本が親しく交際している国も多いだろうけれども、国権と自主を重んずるわがドイツこそは、日本にとって、親しい中でも最も親しむべき国なのではないか」

この演説は、欧米先進国の実情にふれて自信を喪失していた一行の胸にせまった。

阿片戦争［一八四〇年にイギリスのアヘン密輸により英・清間に勃発した戦争］による清朝中国の凋落《ちょうらく》とペリー率いるアメリカ極東艦隊の来航を機に、日本は欧米自慢の科学技術に秘められた侵略装置としての側面を目の当たりにする。蒸気船、蒸気機関車、電信はいずれも、利器として憧れの対象となる以上に、凶器として畏怖すべき面も持っていた。その脅威から独立を守るためには、不平等かつ理不尽な欧米列強の申し出にもしたがわざるをえなかったのである。つまり、使節団の面々は、幕末維新の外交経験——文久三（一八六三）年の薩英戦争、翌年の馬関戦争を含む——をつうじて、列強が振りかざす力の論理のまえには、万国公法など無力であることを体験してはいた。

岩倉などはすでに先掲『國事意見書（會計外交等ノ條々意見）』において「萬國公法ノ如キハ畢竟《ひっきょう》各國合議シテ立テシト云フニモ非ス萬國共ニ守ル所ト云フニモ非ス唯某ハ是ノ例アリ某ハ是ノ例アリト云フ而己ヲ記セシ書籍ニテ恃ニ足ラス守ルニモ足サルナリ故ニ公法論等ヲ主張

スルハ唯其洋癖ヲ長スルノ本ト云フヘシ〔万国公法などは各国が合議をおこなって立てたものではなく、各国ともこれにしたがわねばならぬというものでもない。そのときどきにおいてお互い都合の良いように解釈している書物にすぎないからあてにもできぬし遵守もできない。こんなものを議論するのは外国かぶれを助長する原因になる〕」と喝破している。

にもかかわらず、一見矛盾しているようだが、明治政府は万国公法が国際社会の秩序を保つ絶対の規則――「一種の守り本尊」（ディキンズ『パークス伝』）――だと信じてもいた。というよりも、信じようとした。けだし、そこに「日本が完全主権を主張する権利を持つ」根拠が述べられていたからだ。ゆえに、万国公法を遵守して国際社会の対等な一員となるべく、その第一歩として国情いまだ予断を許さぬ時期に、元勲と各省能吏から成る使節団を欧米に送りだしたのである。

すなわち、使節団はある意味、万国公法という理想と力の論理という現実のはざまで危うく揺れ動く新生国家の象徴であった。だからこそ、岩倉、木戸、大久保をはじめとする首脳部は、力には力を以て小国プロイセンを短期のうちに強国ドイツ帝国へと変貌させたビスマルクの確固たる信念にふれて、雷に打たれたような衝撃を受けたのだ。

ことに大久保は国家設計者たるビスマルクの姿勢に心服し、西郷に宛てた明治六年三月二一日付書簡で、「何モ《いずれ》此人之《の》方寸ニ出サセルナシト被察候《さっせられそうろう》〔プロイセンの政略はいずれも、ビスマルクの胸のうちからでたものと推測できる〕」と述べた。

久米もまた、ビスマルクの演説について、「此語ハ甚タ意味アルモノニテ、此侯ノ辭令ニ嫺《なら》ヘルト、政略ニ長セルトヲヨク認識シテ、玩味スヘキ言ト謂《いい》ツヘシ〔このスピーチは、たいへん意義深く、ビスマルクの弁舌のすぐれていること、政略にたけていることがよく認識できた。よくよく味わうべき言葉だったと言うべきであろう〕」という感想を記している。

しかも、久米はデンマーク、オーストリア、フランスをあいついで打破したビスマルクの鮮やかな軍事手腕をささえたふたつの存在にも注目する。『実記』第五十六巻「普魯士西部鐵道記」〔原本の例言目次は「普魯士西部ノ記」となっている〕に曰く、

「普魯士國、連年武功ヲ耀《かがや》カセシハ、『フレデルヒ』第二世ノ政略ヲ繼承シ、名相『ビスマルク』氏、名將『モルトケ』氏等ヲ登用シ、君臣恊和シ、神算妙機ヲ運《めぐら》セルニヨルヿ、固《もと》ヨリ論ヲ侍ス、其三兵ヲ精練シ、之ニ猛鋭無比ノ器械ヲ、鍛練精製シ與《あた》ヘタルハ、此製作人『クロップ』氏、非常ノ巧術ニヨル」

〔プロイセンが連年武功を輝かせたのは、フリードリッヒ二世の政略を継承して名宰相ビスマルクが名将モルトケなどを登用、君臣が一致協力してすぐれた戦略を用いた結果であることはもちろんである。しかし、歩兵・騎兵・砲兵を精鋭にするため比類なく猛威のある新鋭の武器を作り上げ精密に製造して提供したのは、製造者クルップ氏のすばらしい技術の賜物であった〕

図版41
1876年フィラデルフィア万博に出展されたクルップ砲

使節団一行は、ビスマルクの招待を受ける一週間前の三月八日、プロイセン西部のライン州エッセンにあるクルップ社を視察していた。同社の本拠地エッセンを含むルール地方は優良な石炭を産し、炭鉱、製鉄、製鋼、武器製造などが一体となった重化学工業地帯として、ドイツ帝国発展の心臓部であった。

クルップ社はフリードリッヒ・クルップ（Krupp, Friedrich）が一八一一年に鋳鉄加工を以て創業。その息子アルフレート（Krupp, Alfred）が父譲りの鋳鋼技術を基盤として、軍事力の増強に資する兵器〔小銃、大砲、砲弾、砲床等〕や鉄道関連機材〔鉄道車輪、鉄軌等〕を、当時のヨーロッパにおける最高水準の品質と性能で製造していた。

古豪オーストリア軍、そして精強を謳われたフランス軍も、クルップ社製大砲＝クルップ砲（図版41）の破壊力に戦慄する。『実記』第四十五巻「巴黎府ノ記 四」にも「往年普國トノ戰ニ、佛兵遠距離ノ戰ニハ、大砲ノ製造劣リテ常ニ敗レ〔先年のプロイセンとの戦いにおいて、フランス軍は遠距離戦では大砲の性能が劣っていたため常に破れ〕」たとある。

とはいえ、戦争の勝敗は、銃砲の性能だけで決するものではない。むしろ重要なのは、兵力の的確・迅速な集散と兵站補給線の確保を可能にする社会基盤《インフラ》の整備であろう。その牽引役となったのが、一八三五年にはじまる鉄道事業だ。

ドイツ歴史学派の先駆である経済理論家フリードリッヒ・リスト（List, Friedrich：図版42）は、ドイツ全域にわたる関税制度の設立とそれによる市場統合ならびに国民の経済的・政治的連帯を提唱したが、併せて鉄道が国家の統一と防衛の手段として有効なことを国王や閣僚たちに説いている。

当初は「数時間早く目的地に着けるからといって、それにどんな得があるのか」、「鉄道ごときに金をかけるくらいなら、窓から捨てたほうがいい」という反対の声もあがったが、リストは鉄道の効用に理解を示すラインラントや南ドイツの企業家たちの支援をえて、鉄道敷設の意義を粘り強く訴えた。やがて国家上層部もリストの主張を理解した結果、プロイセンの鉄道網は後発国にあっては異常な速度で拡張を遂げていく。

図版42　フリードリッヒ・リスト

使節団訪問当時、ドイツ帝国内の軌道総延長距離は一万三〇〇〇キロメートルに達し、ヨーロッパ有数の規模を誇っていた。その過程で、クルップ社の技術力と生産力は大きな役割を果たした。

図版 43　ヘルムート・モルトケ

そして、この鉄道網を軍事動員・兵站補給に際して最も効率的に機能させるには、政府—軍司令部—各方面軍のあいだで情報を迅速に交信・共有できるシステムの構築が必須の要件となる。それをになったのが電信にほかならない。

宰相ビスマルクとプロイセン軍参謀総長ヘルムート・モルトケ（Moltke, Helmuth Karl Bernhard, Graf von：図版43）は、電信を外交・軍事の神経組織と捉え、政略・軍略の策定と実行に際して最大限に活用したのである。

## 二、兵器としての電信網

明治政府は成立直後より、新たな政治中枢となった東京を中心に、南北に長い日本列島を縦貫する電信線路の整備をすすめたが、それは電信を陸海防備に直結した戦略的産業のひとつと位置づけたからだ。おそらく、岩倉、大久保、木戸、そして伊藤らは、使節団として欧米を歴訪するまえから、電信の軍事的な価値を認識していたにちがいない。

しかし、最初の訪問国アメリカでは、数年前の南北戦争で電信が勝敗に決定的な役割を果たしたにもかかわらず、その事実を秘匿されたために、電信が軍事力の向上に果たす役割と有効性を具体的につかむことができなかった。かたや訪問のわずか一年前に、武力でドイツ統一を完遂したプロイセンでは、それが明確なかたちで示されることとなった。

まず、『実記』第五十八巻「伯林《ベルリン》府ノ記 上」には、同国で使用される電信機器の製造についての記述がある。三月一四日、一行はクルップ社と並ぶドイツ製造業界の雄ジーメンス社(Siemens AG)の電機製造工場を視察した。

「『ジーメンス』氏社ノ電氣機器製造場ハ、蒸氣ノ輪五十馬力ヲ設ケ、職人ヲイル、、日ニ八百人ナリ、製シ出ス所ノ器機ハ、スベテ電氣ニカ、ル、機關ノ具ニテ、尤モ多數ナルハ、電信ノ器機ナリ、（改行）電信ノ機器ハ、其装置ニ種種アリ、或ハ罫畫《けいかく》ヲ抹《まっ》チ出シ、或ハ點ヲ穿《うが》チ出シ、或ハ文字ヲ印シ出シ、或ハ字ヲ指シテ回ル等、各國各人ニテ、發明ヲ異ニス、各得失アリ、又鐵道ニ用フル、合圖《あいず》ノ電信ハ、一定ノ符號アリ、事件繁ナラザルヲ以テ、其器械、尤モ簡易ナリ」

〔ジーメンス氏の電気機器製造工場は五〇馬力の蒸気機関を用いて八〇〇人の労働者を使用し、すべて電気関係の機械器具類を製作している。最も多いのは、電信機器である。（改行）電信機器はいろいろな装置がある。あるものは線や点を印刷して出し、あるいは紙に鑽孔し、あるいは文字をプリントし、あるいは針が回って文字を指示するなど、それぞれ一得一失である。また鉄道で使う合図の電信には一定の符号があり、また内容が複雑なことではないので、その装置は最も簡単である〕

同社は、一八四七年にエルンスト・ヴェルナー・フォン・ジーメンス（Siemens, Ernst Werner von）が設立したジーメンス・ウント・ハルスケ電信機製造会社（Telegraphen-Bauanstalt von Siemens & Halske）を母体とする。ドイツ語での標準発音は「ジーメンス」であり、『実記』もそれに倣《なら》っているが、「シーメンス」と発音表記されることが多く、同社日本法人も「シーメ

図版44　ジーメンス社製電信機

ンス」をもちいている。
ジーメンス社は右の引用のごとく、モールス式の送信機＝電鍵と印字受信機のほか、指字電信機、一八四〇年代にイギリスで開発された文字画像《ファクシミリ》電送機、特定符号を針で指す列車管制用電信機を製造していた。

付言すれば、江戸幕府は万延二年一月二四日に赤羽接遇所でプロイセンと修好通商条約を締結したが、同日プロイセン外交団が江戸城書院で幕府高官に一八五六年製ジーメンス・ウント・ハルスケ社電磁式電信機を献上している。図版44は献上品と同型の電信機である。

それでは、このように優秀な電信機器製造業者を擁するプロイセンの電信事業は、いったいどのように運営されていたのか。ビスマルクの晩餐会から三日を経た三月一八日、使節団一行はベルリン西南のフランツ兵営を視察したあと、陸軍が管轄する電信局を訪ねた。『実記』第五十九巻「伯林府ノ記 中」に曰く、

「電信寮ハ、陸軍ノ管轄ニテ兵卒ヲシテ之ヲ主掌辨理セシム、電報ハ軍機ニ於テ肝要ノ器ナレハ、兵卒ノ内ニ、此技術ニ閑熟セサルヘカラス、且兵卒ハ無事ニ倦《う》ミ易ク、又他ノ技

藝ナケレハ、他日ノ生活ニ術ナシ、此等ノ爲メ便利ヲナサント、此仕組ヲナセリ、寮ノ屋造ハ、英國ノ上ニ出ル、スヘテ四層ナリ、電器ノ設ケハ、各國ト同シ、遠方ノ報知ニハ、畫引ノ文字ヲ用フ、（中略）各地ヨリノ電線ヲ表格ニ集メ、一目ニ瞭視《りようし》シ易カラシメ、若シ其線ノ響カヌヿアレハ、表ニ栓ヲサシテ、其線ヲ止メシムル、是ハ表格ヲ司ルモノニテ、之ヲ主掌ス、樓上ヨリ、電報ヲ下層ニ送リテ、使ヒノ者ニ付スルニハ、空氣管ノ設ケアリ（中略）然レ圧《ども》伯林ノ電報ハ、倫敦ノ夥多《おびただし》キカ如クナラサルヲ以テ、常ニ用フルヿ希ナリト云」

〔電信局は陸軍の管轄で、兵士がその運営に当たっている。電報は軍の行動にとって重要なものであるから、兵士にこの技術を熟達させせなければならない。また兵士は平穏無事な暮らしをしているとそれになれてだらしなくなってしまうし、また何か技術を身につけていないと除隊してからの生活に困る。それらのことに役立たせるために、こうした組織を作っているのである。電信局の建物は英国のそれよりも大きい。四階建てである。通信機器の設備は、ほかの国と同様である。遠くへの受発信はモールス符号の印字で行っている。（中略）各地からのラインを一つの配線盤に集め、一目で見渡せるようにしてある。使用していない線の場合はプラグに栓をしてある。これは配線盤係の者がいて取り扱っている。到着した電報を階上からメッセンジャーに渡すためには空気圧送管が設けてある。（中略）しかし、ベルリンの電報はロンドンほどにはおびただしくないので、しょっちゅう使うことはないとのことである〕

プロイセン電信事業の要諦《エッセンス》は、「電報ハ軍機ニ於テ肝要ノ器（電報は軍の行動にとって重要なものである）」という最初の一節に集約されている。つまり、プロイセンを中枢とする新生ドイツ帝国の電信は軍事設備とほぼ同義であり、これは「寮ノ屋造ハ、英國ノ上ニ出ル」にもかかわらず、「伯林ノ電報ハ、倫敦ノ夥多キカ如クナラサル」という観察からも読みとれよう。

プロイセンや日本のように、資本主義がいまだ成熟に至らぬ国では、民間企業の自由競争を原動力とした民益優先型の産業発展よりも、国力——ありていにいえば軍事防衛力——の増進を主眼に据えた国家戦略的な産業発展が往々にして推進される。たとえばドイツ帝国の幹線鉄道のひとつプロイセン東部鉄道は、地方の民衆暴動＝「内憂」と帝政ロシアの軍事的脅威＝「外患」に対する備えとして敷設されたものだ。

のちに二〇世紀最大の知性のひとりとなるドイツの社会学者マックス・ヴェーバー（Weber, Max）は、「職業としての政治」と題する講演（一九一九年一月二八日）のなかで「国家こそが物理的暴力の行使にかかわる権利を独占的に保有する唯一の組織であり、それゆえに政府は必然的にこの権利を行使する力を持つ」と主張した。

いまこの論理にしたがえば、ヴェーバーの講演にさきだつこと半世紀、ドイツ統一を成し遂げたプロイセン首相ビスマルクはまさにそれを体現した人物であり、実際に彼はこうした権利を行使するのにいささかの躊躇《ためらい》もなかった。

ちなみに、ビスマルクは「鉄道は権力なり」という言葉を残している。そして、この言葉どおりに鉄道を「国家による物理的暴力の行使」に直結する権力装置とみなすならば、鉄道を活用した軍事動員と兵站補給に必要不可欠な情報を伝達する電信もやはり同様の存在ということになるだろう。

プロイセンの電信事業が陸軍省の管轄下に置かれたことは、まさに右の論理に整合している。また、『実記』第五十五巻「普魯士國ノ總説」はドイツの鉄道にふれて、「当時ノ國議ニハ、全國ミナ國有トナス目的ナリト〔現在の国の意向としては全国の鉄道を国有にする方向にあるという〕」と記している。

ビスマルクのこうした国防理念を軍政面から具体化したのがモルトケである。彼はベルリン＝ハンブルグ鉄道理事を務めた経験から、一八五八年に参謀総長を拝命するや、鉄道課という戦史上重要な意義を持つ部署を創設した。

――要塞を建造する金があるなら鉄道を敷け。

これがモルトケの持論であった。

――要塞は一点しか防衛できず、下手にそれを各所に設ければ、軍隊が要塞守備に忙殺されるから、機動性が損なわれかねない。しかし、鉄道を敷けば、戦局の変化に対応して、大軍も自在に動かすことができる。

モルトケの構想にもとづき、新設の鉄道課はただちに国内鉄道網を管轄する商工大臣とのあいだで、鉄道の軍事利用にかんする協議を開始。そして、国内外の民間輸送を圧迫することなく、軍事にも転用可能な運行ダイヤグラムを作成し、軍事輸送力の増強を図った。

さらに、モルトケは軍務大臣に「西部方面にあるすべての軍団の宿営地と中央ならびに国境方面をむすぶ鉄道路線を複線で敷設したい」と上申する。複線路の敷設は莫大な国費を要したが、それでも、モルトケの意向は少しずつだが実行に移されていく。

その過程でモルトケは、情報伝達体制の近代化にも目をむけた。当時、電信は飛躍的に送受信範囲を拡げつつあった。一般に電信線路は平坦な軌道沿いや幹線道路沿いに敷かれることが多かったため、同じ鉄道や道路を利用する兵員の移動や兵站補給の効率化にも利用できる、とモルトケは考えた。

なかでも重視したのは、動員時における電信の活用。平時にも軍隊定員を維持する常備軍制を採用すれば、たちまち軍事費は膨れあがって、それだけで国庫は破綻の危機に瀕する。軍人や兵卒を養うのに要する経費は莫大なのだ。

そこで、大半の国では、平時において軍隊定員の半分から三分の一程度を常備軍として維持し、残りは一般市民として生活させる徴兵制を採用していた。このもとでは、一般市民に二〜三年程度の兵役を課したのち、予備役として市民にもどす。そして、有事になるや動員令を発し、兵役経験者が一定数召集されることになる。

その際に問題となるのは、動員に要する時間である。召集命令が発せられてから兵員が実際に集合場所まで移動する時間、これが早ければ早いほど敵よりも有利になる。戦闘の成否を決する「集中の原則」・「機動の原則」に鑑みれば、迅速さは軍事において最大の武器なのだ。

電信が普及する以前には、動員が発令されると、騎馬伝令が各地に飛んだ。つまり、動員令は人馬によって、各地に輸送されたのである。

――この伝令の代わりに、電信を使用できれば……。

モルトケはそう考えた。

国土全域に電信線路を整備すれば、騎馬伝令とは比べものにならない早さで、動員を各地にむけて発令できる。そして、鉄道網を利用すれば、動員令を受けた兵員は集合場所まで迅速な移動が可能となる。

この構想は、ヨーロッパを震撼させた一八七〇～七一年の普仏［プロイセン＝フランス］戦争で実をむすぶ。新興プロイセンが古豪フランスを撃破できた裏には、クルップ社製銃火器の圧倒的な威力とともに、ビスマルクとモルトケによる巧緻にして狡知な電信と鉄道の活用があった。

ビスマルクは、一八六六年に普墺［プロイセン＝オーストリア］戦争に勝利を収めたあと、北ドイツ連邦に加盟しない南ドイツ四ヵ国の併合を望んだ。これに対して、フランスのナポレオン三世（Napoléon III）はマイン川以南の諸国を糾合してプロイセンに対抗する。

――ナポレオン三世に、一泡吹かさずにはおかぬ。

ビスマルクは虎視《こし》眈々《たんたん》と報復の機会をうかがった。

一八六八年、イサベル二世の廃位以来空位となっていたスペイン国王に、プロイセン王家の遠縁にあたるホーエンツォレルン家のレオポルトが迎えられようとしたとき、ナポレオン三世がこれに反対。スペイン王位の継承は難航する。

一八七〇年七月一二日、ナポレオン三世はドイツ西部の温泉地エムスで静養中のヴィルヘルム一世のもとに駐ベルリン大使ヴァンサン・ベネデッティ（Vincent, Count Benedetti）を派遣、猛抗議によってレオポルトの立候補辞退を認めさせた。そして、翌一三日、再度ベネデッティをつうじて、「このさき二度とホーエンツォレルン家に連なる者がスペイン王位候補者となることに同意をあたえない」ことをヴィルヘルム一世に確約させようとする。

当然にもヴィルヘルム一世は、ベネデッティが伝えたナポレオン三世の言い分に不快を催し、断固たる態度でフランスの要求を退けた。国王侍従長ハインリッヒ・アーベケン（Abeken, Heinrich）は、ただちにふたりの会談の詳細を電報でベルリンのビスマルクに知らせる。

かねてからフランスとの武力衝突の糸口を探っていたビスマルクは、この電報を目にするや、モルトケに即座の開戦が可能かどうかを訊《たず》ねた。「開戦はすぐにでも可能」というのがモルトケの回答であった。

ビスマルクは宿敵フランスと雌雄を決する千載一遇の機会を逃すまいと、世論誘導を意図した詐術を仕掛ける。すなわち、図版45のように、ただ詳細な会談内容の報告にすぎなかったアーベケン電報に意図的な省略と改変を加えて、一三日付でドイツ各邦駐在公使と新聞各社に配信したのだ。

ビスマルクの改ざんした電文が新聞紙上に躍るや、独仏双方のナショナリズムが一気に高揚した。ドイツ全土を反フランス感情が席巻し、北ドイツ連邦とは一線を画していた南ドイツ諸国もプロイセンを支持。かたやフランスでも対プロイセン強硬論が高まり、遂にナポレオン三世はプロイセンに宣戦布告するしか国内世論を抑える術がなくなった。これが後世「エムス電報」の名で語り継がれる外交謀略事件である。

ビスマルクの思惑どおり、七月一九日、フランスはプロイセンに宣戦布告する。だが、モルトケが準備してきた電信・鉄道を軸とするプロイセン軍の短期動員体制によって、ヨーロッパ随一を謳われたフランス軍は緒戦から後手に回らざるをえなかった。

プロイセン軍は南ドイツ連邦も味方につけた結果、事実上の統一ドイツ軍としてフランス軍に対峙できた。そして、クルップ社製銃火器の威力もあって連戦連勝の戦果を収め、九月一〜二日のフランス北部スダンの戦いではメス要塞の救援に駆けつけたナポレオン三世を捕虜にしている。

こうしてナポレオン三世は廃位となり、フランス第二帝政は崩壊したが、パリでは臨時国防政府がフランス領の譲渡を拒否して戦争を継続。翌一八七一年一月一八日、パリ包囲戦が続くなか、プロイセン軍が大本営を置くヴェルサイユ宮殿鏡の間《ま》で、ヴィルヘルム一世のドイツ皇

| アーベケンがビスマルクに宛てた電報 | ビスマルクが改ざんした電報 |
|---|---|
| 国王陛下は小生に次のようにお伝えになられた。「〔フランス大使の〕ベネデッティ伯が散歩道で余を待ち構え、ホーエンツォレルン家の人間がふたたび〔スペイン〕国王候補になるようなことがあっても、今後絶対同意を与えないと余が誓う旨、〔パリに〕打電する権限を与えてほしいと、最後にはかなり威圧的な態度で要求した。余は未来永劫にわたってそのような約束をすることは許されるものではないし、できるものでもないと答え、最後には幾分きびしい口調で伯の要求を退けた。むろん、余は伯にこうも伝えた。余は〔レオポルト辞退に関して〕まだ何も聞いていないし、貴君は余よりも早くパリならびにマドリード経由で情報をえているのだから、余の政府は〔王位継承問題に〕何も関与していないということがわかったであろう」と。陛下はその後〔カール・アントン〕侯の書簡を受け取られた。陛下はベネデッティ伯に〔アントン〕侯からの知らせを待っているところだと仰っていたので、上記のように不当な要求に鑑み、〔オイレンブルク〕内相と小生の意見を踏まえて、もはや伯とはお会いにならず、ベネデッティがパリから入手した情報を裏づける知らせを〔アントン〕侯から受け取ったし、〔フランス〕大使に言うべきことはこれ以上ないと、副官を介して伝えることを決定された。陛下はベネデッティが新たな要求を持ちだし、陛下がそれを退けられたことを、ただちに我が国公使およびプレスに伝えるべきか否か、その判断を〔ビスマルク〕閣下に委ねられるものである。 | ホーエンツォレルン家の世子〔レオポルト〕が〔王位継承を〕辞退される旨、スペイン政府がフランス政府に対して公式に通告した後、フランス大使はエムスにおいてさらに国王陛下に対し、ホーエンツォルレン家の人間が再び〔スペイン〕国王候補になるようなことがあっても、今後絶対に同意を与えることはないと国王陛下が誓われる旨、パリに打電する権限を与えるようにと要求してきた。これに対して国王陛下は、フランス大使とさらに会うことを拒まれ、副官を介して、大使にこれ以上話すことはないとお伝えになった。 |

〔　〕内は引用者による補足

図版45　ビスマルクの電報改ざん（左欄／元電報・右欄／改ざん電報）

帝即位宣言式が挙行された。ドイツ帝国の誕生である。

その一〇日後プロイセン軍がパリを開城、二月二六日ヴェルサイユで仮講和条約がむすばれ、五月一〇日正式にフランクフルト講和条約が締結された。フランスはプロイセンに賠償金五〇億フランを支払い、アルザス＝ロレーヌの大部分を割譲することとなった。

麗都パリで西洋文明の粋を堪能した使節団にすれば、フランスを撃破したプロイセン、その外交・軍事の立役者たるビスマルクとモルトケが憧憬《あこがれ》の対象となっても不思議はない。大久保は西徳二郎に宛てた明治六年三月二七日付書簡で、プロイセンの滞在が思いのほか短いことを惜しみ、「ヒスマロク、モロトケ等之大先生ニ面會シタル丈《だ》ケカ益トモ可申歟《もうすべきか》〔ビスマルク、モルトケという大先生御二人にお会いできたことだけが一番の利益であった〕」と書き送っている。「大先生」と称えるビスマルクとモルトケから大久保がいかなる教示をえたのかは定かでない。だが、奇しくも戊辰戦役で薩長連合軍が幕府軍を破り、御新政の幕を開いたのと同じ時期、プロイセンもまた強国フランスを打破し、統一国家を樹立している。その道筋を描いたビスマルクに対して、大久保が尊敬の念を抱き、下剋上を成し遂げた先達《せんだつ》の事績に学ぼうと考えたのはたしかであろう。

実際、帰朝後に留守政府組との権力闘争＝明治六年政変を制した大久保は、それが引き金となって旧西南雄藩領で続発した士族反乱に際し、普仏戦争でのビスマルクとモルトケを彷彿させる謀才を発揮する。

明治七（一八七四）年二月、司法卿兼参議として留守政府の中心となった江藤が旧佐賀藩の不平士族にかつがれて武装蜂起した。このとき大久保は、福岡局発信の緊急電報を、迅速な派兵と暴徒鎮圧、そして江藤一派の逮捕にむすびつけている。

二月二日午前八時福岡電信出張所から「佐賀県奸賊、寺ニ集マリ征韓論ヲ盛ニ唱エ日々ニ勢イ、昨夜小野組［京都の豪商。維新後、三井組、島田組とともに政府為替方を拝命――引用者］ニ迫リ手代残ラス逃ケ去リタリ右ノ通リ電報候間不取敢《とりあえず》此段《このだん》御届《おとどけ》仕《つかまつり》候也《そうろうなり》　史官御中」という電報を受けとるや、大久保はあえて発信元に内容の詳細を確認することなく、「佐賀士族が挙兵した」と廟議で発表、居並ぶ参議たちを狼狽させた。

じつはこの電報が福岡から東京の太政官に打電された時点で、当の江藤はまだ長崎に滞在して佐賀城下の動静を探っており、不平士族による小野組襲撃も「挙兵」というほどの行為ではなかった。

にもかかわらず、大久保は国家設計に野心を抱く江藤を葬るべく、後世から眺めてまことに奇妙なことだが、反乱が実際に勃発する以前に太政官から「征討」を発令させたのである。江藤の生涯を描いた司馬遼太郎の長編『歳月』の言葉を借りると、火事の起こらぬまに消防車がかけつけるようなものであり、江藤は放火せぬ前から放火犯として捕縛されようとしているようなものであった。

つまり、大久保という稀代の策謀家は、たった一通の電報をもちいて、「佐賀の乱」の名で後世に伝えられる大事件を演出した、ということになる。実際に江藤が佐賀士族の暴発を慰留しようと佐賀入りしたときには、熊本鎮台司令官の谷干城《たにたてき》［土佐閥］に鎮圧命令が下っていた。

さらに念の入ったことには、大久保自身が文官の身でありながら、二月一〇日に太政官より佐賀における軍事・行政・司法の全権委任をとりつけ、嘉彰《よしあき》親王［後の小松宮彰仁《あきひと》親王］が征討総督として現地に着任するまで、すべての事項に決裁権限を行使した。

大久保は東京鎮台部隊を率いて佐賀にむかう途上で大阪鎮台部隊も動員、佐賀・福岡県境の要衝たる朝日山《あさひやま》［現 佐賀県鳥栖市《とす》］の司令部に入った。このとき大久保に随《したが》った米田虎雄《こめだとらお》［熊本藩出身］によると、敵の弾丸が足許に跳《は》ね、耳元をかすめるなか、戦場経験のない大久保は泰然自若の風で、司令官である野津鎮雄《のづしずお》［薩摩閥］の指揮ぶりを見守っていたという。

結局、佐賀士族の蜂起は、最新鋭の兵器で武装した政府軍によって、わずか一ヵ月で鎮圧された。官営電信をつうじて江藤一派の手配書が、逃亡経路となった九州から四国の山中にまで届けられ、政府密偵と地元警察が江藤をはじめとする反乱者をつぎつぎと捕縛していく。

以降、明治九年一〇月末にあいついで発生した敬神党《けいしんとう》による熊本鎮台襲撃事件＝神風連《しんぷうれん》の乱、福岡秋月《あきづき》・山口萩《はぎ》の守旧派士族の武装蜂起＝秋月・萩の乱、そして明治一〇年二月に西郷を首領に戴く旧薩摩藩士族の大規模反乱＝西南戦役においても、明治六年竣工した東京―長崎間の西向き列島縦貫電信線路が、政府による迅速な軍事動員を援《たす》けた。

これに関連して、維新後にフルベッキの紹介で来日し、福井藩校明新館《めいしんかん》や大学南校《だいがくなんこう》で教鞭をとったウィリアム・グリフィスも「電信、蒸気、電気、連発銃、近代的大砲の時代がすでに来ていた（中略）日本は新しい神経系統をそなえた政治統一体となっていた。古い文明の殻《から》に閉じこもっていた人間は、いかに勇敢でも、同様に勇猛でしかも新しい武力をそなえた者に対抗できなかった」〔『ミカド　日本の内なる力』〕と述べている。

さて、右の事実に照らせば、久米が『実記』に記した「電報ハ軍機ニ於テ肝要ノ器」という一節は、たんにプロイセンの電信線路が陸軍管轄下に置かれた軍事施設たる色彩が濃い、という事情だけを伝えたものではなかろう。むしろ、『実記』編修中に起こった内乱とその鎮圧の過程で証明された電信の軍事的価値をも射程に収めた言葉と解釈できるのではないか。

たとえ一文官といえども、太政官に身を置く限りは、誕生まもない国家の命運を左右する一大事に無関心のまま『実記』編修業務にのみ没頭する姿など想像しにくい。それどころか、戦乱の推移は久米の耳にも否応なく届いたにちがいない。そして、戦地の状況を、逐一東京の太政官にもたらしたものこそ、官営の電信線路にほかならなかった。

久米の「軍機ニ於テ肝要ノ器」という理解は、ひとりプロイセンの電信事情にだけむけられたものではなく、最新鋭のＩＴが普遍的に持つ兵器としての側面を鋭くうがったものと評価して差し支えないだろう。

## 三、電信技能者の養成システム

プロイセンの電信事情にふれた引用部には、もうひとつ興味深い観察が含まれている。それは「電報ハ軍機ニ於テ肝要ノ器ナレハ」に続く「兵卒ノ内ニ、此技術ニ関熟セサルヘカラス、且兵卒ハ無事ニ倦ミ易ク、又他ノ技藝ナケレハ、他日ノ生活ニ術ナシ、此等ノ爲メ便利ヲナサント、此仕組ヲナセリ」という一節だ。

軍事力の向上とその積極的な発動によって強国への道を歩みつつあったプロイセン＝ドイツ帝国では、電信が銃剣・大砲と同じく兵器たる役割を期待されたがゆえに、兵士が習熟せねばならない必須技能となっていた。同時に、電信技能の習得は、まず、兵士が平時に緊張感を失くして怠惰に流れてしまうことを防ぎ、ついで、退役後に身を持ち崩して路頭に迷い、不名誉な行為に走ることからも彼らを保護する。

ちなみに、久米は『実記』第五十七巻「伯林《ベルリン》府總説」に、

「此府ノ人氣粗率ナルハ、第一ニ兵隊學生ノ跋扈《ばっこ》スルニヨル、兵隊ハ數戰ノ餘ニテ、左モアルヘキナレ𪜈（中略）暇日毎ニ盛服シテ、遊園ヲ彷徨《ほうこう》スレハ、冶婦《やふ》ノ過ルモノ、ミナ一眄《いちべん》

シ情ヲ送ル、俳優ニ似タルアリ」

〔この街の気風が荒いのは、まず兵士と学生がいばっていることによる。兵士は激戦を経て来たばかりだから、さもありなんであるが（中略）休暇の日毎にいい制服を着て遊園地などをうろつきまわる。すると通り過ぎる街娼たちがみな、ちらりと流し目を送る。その様子はまるで芝居を見ているようである〕

と記し、俳優並みの人気に驕《おご》って傍若無人な振る舞いをみせていたプロイセン兵士の堕落ぶりを指摘していることから、その矯正策のひとつとして紹介したのかもしれない。

いずれにせよ、『実記』全体を眺めても、電信技能者の養成についてふれたのは、ベルリン電信寮を取りあげた右引用だけである。この問題をめぐっても、『実記』はあくまで実況を記すにとどめ、是非の判断を下してはいないが、明治政府の電信に対する取り組みを先進欧米各国のそれに照らして読み解くには貴重な題材といえる。

思えば使節団の欧米歴訪当時、各国電信事業の根幹を成していたのはモールス電信機。それを操作するには、複雑なモールス符号の暗記だけでなく、電気や機械にかんする知識、そして国際電報については高い言語能力《リテラシー》も必要となる。つまり、電信士とは高度な熟練技能を要する専門職にほかならない。

電信士の養成方式については、本場アメリカの場合、ＷＵＴＣの社立訓練学校や民間の電信士養成学校もみられたが、それでも電信士のあいだには「先輩の肘《ひじ》の動きこそ最良の道場［the only proper place to learn telegraphy is at the elbow of an experienced operator］」という格言もあり、「見よう見まね」を基調とした技能の習得が一般的であった。

その意味では、練兵の一環として兵士に電信技能を教授するプロイセン陸軍方式は、軍事上の必要性から考案・実施されたものとはいえ、本場アメリカと比較してもはるかに体系的かつ組織的な性格が強い。

けれども、じつは使節団の訪問時点において、明治日本の電信技能者養成システムは、体系性

図版46　横浜電信局での電信訓練風景

と合理性の両面で、ベルリン電信寮のそれを凌駕していたのである。

明治二年一二月、横浜―東京間で官営電信が創業した頃の電信士養成は、諸藩より選抜された若者が伝習生として御雇外国人から直接指導を受け、操作を覚えた者が新入生に順次それを伝授していく方法を採用していた。

図版46は、横浜電信局での訓練風景を描いたもの。左奥に御雇外国人の姿がみえ、その背後には「傳信機之布告」が掲示されている。伝習生はいずれも若い。丁髷《ちょんまげ》を結って月代《さかやき》を剃り、紋付羽織を着ていることから、比較的身分の高い武家の子弟であろうか。使用しているのはブレゲ指字電信機だ。送受操作がすこぶる簡単なので、電信士と呼べるほど特別な技能はほとんど必要ない。

ブレゲ指字電信機はしかし、通信効率がきわめて悪かった。逓信省『通信事業五十年史』には「それはあたかも時計の盤面の時分を指針の指すの類し、之を辿りて電報を読みたるものにして、其の操作単純なるも電気の感応微弱にして遠距離に用ふる能《あた》はず、かつ瞬時に送信し難き不便あり」という評もある。

そのために、明治三年閏一〇月に民部省から電信関連業務を引き継いだ工部省は、使節団出発間近の翌四年一〇月、交信距離が格段に長く、作動が迅速で感度も鋭敏なジーメンス社製モールス印字電信機の採用を決定する。これは受信機がモールス符号をテープ状の現字紙にインクで印字し、電信士がそれを読んでカナ文字に復号していく、という仕組みであった。

モールス印字電信機に切り替えたことで、交信に要する電気量は大幅に軽減され、交信距離と速度も飛躍的に向上した。だが、今度は操作技能の習得がむずかしくなる。これについては、「モールス符号を打つのは一見簡単にみえるが、長短と間隔に正しい呼吸があって、なかなか正確な寸法を刻むことができない。受信の際にも、符号の長短、字と字の間隔や伸縮などを誤って筆記すれば、甚だ大きな間違いを起こしかねない」という証言も残っている。

しかも、工部省が英文符号を参考にして開発した和文モールス符号は、イロハ各文字の使用頻度にかんする検討が不十分であった。そのために、使用頻度が高いにもかかわらず、複雑な短符と長符の組み合わせを当てられた文字もあり、送受効率の面でかなりの難もみられた。

このような技術上の課題にせまられた工部省では、明治四年一〇月、電信頭の石丸安世が赤坂葵《あおい》町の電信寮内に電信士養成のための専門機関として修技教場を設立。まずは旧藩からの推薦入学者二五名を第一期訓練生に採用している。

ついでながら、成立まもない明治政府が実施した事業のうち、最も力をそそいだのは教育。天然資源に乏しい小国においては、人間こそが国造りで頼るべき唯一の資源にほかならない。いみじくも久米は『実記』第七巻「落機山《ロッキー》鉄道ノ記」に左の論説をはさんでいる。


「不教ノ民ハ使ヒ難ク、無能ノ民ハ用ヲナサス、不規則ノ事業ハ効ヲミス、民力ノ多キモ、其至寶タル價ヲ生セシムルニハ、豈《あに》漫然ニシテ希望スヘキモノナランヤ」

〔知識を持たぬ民衆は労働力として使用しがたく、無能の民衆は事業に用いることができないし、無計画な事業は成功が難しいということである。たとえ人口は多くとも、その貴重な能力を引き出すには、ただ漫然とどうにかなるだろうと考えていてはだめである〕

実際、明治政府は成立当初から、満天下の青少年にむかって勉学の要を説き、学問さえできれば国家が雇用するという方針を打ちだした。そのためには、現場で青少年の教育にたずさわる教師が必要となる。そこで、政府直営の教員養成施設＝師範学校が作られたのだが、その創設でさえ明治五年五月のこと。さすれば、電信の修技教場こそ、いわば官制教育機関の鼻祖《びそ》というべきであろう。

話をもどせば、ほどなく葵町から京橋木挽《こびき》町に移設された修技教場は、畳敷きの大きな和室に粗末な木製机を並べただけの施設であった。当初はブレゲ指字電信機とモールス印字電信機による送受信の実習、のちには英語の教授もおこなわれる。学制にかんする記録はほとんどなく、適宜必要な措置がとられたものと推察される。江戸期の寺子屋を彷彿させる養成風景だったのかもしれない。

それでも、明治政府が国土防衛と治安維持の目的から驚異的な速度で電信線路の全国的拡張をすすめると、日本各地に電信事務取扱所が設けられ、電信士への需要も急増していく。これに対応して工部省は、使節団帰国直前の明治六年八月に修技教場を修技（学）校へと改組、本校を東京府下汐留、出張所を大阪高麗橋《こうらいばし》局内にそれぞれ設置した。七月三一日付工部省布達第三号には、左のような入学条件が明記されている。

(1) 入学生徒の年齢は一二〜一三歳以上二〇歳以下とする。
(2) 洋学［英語・仏語］のできない者は、原則として入学不可とする。
(3) ただし、年齢一二〜一三歳で、洋学の素養はないが、とりわけ聡明にして、必ず卒業の見込みのある者については、試験を実施したうえで入学を許可することもある。

また、同布達の定める入学後の待遇は、左のとおりであった。

(1) 合格者には、まず自費にて四週間の修学を許可し、学業の優劣・遅速等によって評価し、第三級、第二級、第一級へと昇進させ、そのうえは工術等級表中の技術等外見習下級とする。
(2) 級外生徒から第一級生徒までは、土曜日を除いて毎日中食［昼食のこと］を給与し、第三級に昇った者は一ヵ月金一円五〇銭、第二級に昇った者は一ヵ月金三円、第一級に昇った者は一ヵ月金五円の割合で日当を支給する。

官費生待遇にして工部省吏員への切符をえられることもあり、入学競争率は全国的に高かった。たとえば、明治六年一〇月に北海道でおこなわれた生徒募集には、定員枠二一名に対して六〇余名の志願者が殺到したという。

狭き門というにやぶさかでないが、合格の決め手は右記のとおり語学力にあった。修技（学）校は英語中心の教育課程《カリキュラム》を採用しており、入学後に生徒の英語［またはフランス語］の学力を基準として学級《クラス》分けをしていた。これは電信が鉄道と並ぶ舶来の先端技術であるがゆえに、技能指導が御雇外国人を中心におこなわれたこと、そして国際電報の需要が高まりつつあったことと無縁ではなかろう。

図版47　電信技術訓練生

授業時間は一日六〜七時間で、学科は英語と数学、術科［技能実習］は「初め和英電信符号を暗証し、稽古電鍵［練習用モールス電鍵］にて打ち方［打電法］を稽古し、一通り覚ゆれば、本物の機械（当時インキの出る機械にヘンリー、シーメンス《ママ》の二種類ありたり）にて送受信を練習する」（卒業生談）という内容であった。

最先端技能を教授するエリート技官養成機関ではあったが、いまだ和服の生徒が多数を占めた。図版47は、入学許可をえた電信技術訓練生徒たち。その表情にはいまだあどけなさも残っている。

入学生のうちでも、外国語の素養がある者は、入学当初から上級に編入させ、あとは毎年数回おこなう基礎学力および通信技能の試験結果に応じて優劣を分け、優秀な者から進級させ、最上級者のなかから実力試験の結果が良好で技能の熟達した者を順次各局に配属した。

これほど体系的な電信士養成方式は、当時の世界にあっても、ほかに類例をみない。修技(学)校卒業生は明治五年から工部省が廃止される同一八年までに総計一二八二名におよんだ。「通信技手」と称された彼らは、電信線路の整備と拡充が国土全域で急進する明治一〇年以降、たんに電文の送受をおこなう技術系吏員というだけでなく、技手見習や電報配達人、敷設工夫等の現業職員を管理監督する局支配人《オフィスマネジャー》の役割も果たしていく。

ついでながら、使節団はベルリン電信寮を訪問するまえに、ジーメンス社を視察しているが、じつはその頃工部省は工学寮［明治四年設立。明治一〇年工部大学校に改組。現 東京大学工学部の前身］技術課に電信機の製造・補修をおこなう製機所を設け、スイスの時計職人にして旋盤の名人と謳われたルイス・シェーファ（Shaffer, Louis）を招聘、電気技師の育成も開始している。

プロイセンは兵士に電信技能者を兼任させていたが、日本の場合は政府直属の技能者養成機関で体系的な訓練を受けた通信技手や電気技師たちを、平時は電信局や製機所に勤務させ、有事に際しては適宜軍隊に召集するというやり方をもちいた。

明治六年政変以降、旧西南雄藩領で続発した士族反乱では、工部省の養成機関で訓練されたこれらの技手や技師が軍隊に配属されて戦場に赴く。そして、白刃閃き、銃弾飛び交うなかで野戦用の電信線路を架設、戦況の推移を刻々と太政官や鎮台に伝達し、迅速かつ機動的な鎮圧行動を大いに援けた。

福岡秋月の乱では暴徒が電線を切断したものの、御雇外国人と日本人の技師が敷設工を指揮して迅速に修復している。西南戦役では西郷軍が通信技手をみつけるや、これを襲撃し、政府軍の通信経路を断とうとした。

工学寮に初代都検［校長］として招聘され、日本の工業技術教育の礎《いしずえ》を築いたヘンリー・ダイアー（**Dyer, Henry**：図版48）も、「電信の便利さと重要性を世間に強く印象づけたのは、一八七七（明治一〇）年の西南戦争《ママ》のとき（で）電信を活用した政府軍は、薩摩の反乱軍を相手にきわめて有利に戦いを進めることができた」と述べている。

図版48　ヘンリー・ダイアー

新政府の屋台骨を揺るがした大乱をつうじて、電信はまさに「軍機ニ於イテ肝要ノ器」であることを、これ以上はないほど明確なかたちで為政者の眼に焼きつけた。のちに日清・日露両戦争においても、通信技手や電気技師たちは陸軍属の野戦電信隊に編入されて、外地での電信架設やその保守、軍事情報の伝達に従事することとなる。

こと電信に限らず、明治政府は成立当初から、西洋渡来の技術習得にかかわる教育には、驚くほどの熱心さで臨んでいる。その背後には、「欧米列強から侮りを受けないためには、自分たちも彼らと同じことができるという事実を示すのが一番である。拝借するのはお知恵だけ、それ以外は自前でおこなう」という信念があった。安易に外国資本の支援に頼れば、それを足掛かりとした列強による植民地化を招きかねない。

また、そこには「自分たちと同じことを、日本人もできることがわかれば、列強とて日本を未開国とする認識を改めて、条約改正の要求にも耳を傾けざるをえないだろう」という胸算用もひそんでいたにちがいない。

さきに日露戦争をまえにした九州―台湾間の海底電信線路敷設が列強諸国の日本評価を一変させ、不平等条約改正の一助となったことを紹介したが、これを可能にした原動力こそ、明治初期から工部省直属の電信技能者養成機関が育成した人材たちなのだ。

じつは工学寮から発展した工部大学校の電信科では、現場実習も積極的に実施される。そのなかには、大北電信会社の海底ケーブル専用船に乗り込んで、実習生が海底ケーブルの修繕作業を実地体験する貴重な機会も設けられていた。そして、実習生のなかには、志田林三郎、中野初子《はつね》［帝国大学教授・電気学会会長］、藤岡市助《いちすけ》［工部大学校教授・白熱舎創業者］といった日本電気工学の発展をになう俊英が含まれていたのである。

列強の直接的な資本援助を仰ぐことなく、その知恵だけを買い入れ、体系的な教育課程の整備をつうじて自前の技能人材を育成する方式は、当時の世界においてもまことにユニークで、使節団が近代化の手本とみなしたプロイセンの一歩さきをゆくものであった。実際、ダイアーは「通信技手や専門技師を訓練するうえで、日本の電信事業は欧米諸国と充分に比肩できる水準に達している」と明言している。

それでは、ここでふたたび、使節団に視線をもどそう。ドイツ帝国が誇るクルップ、ジーメンスという二大機械製造会社を見学後、宰相ビスマルクの演説に感銘を受けた一行は、フランスを打ち破ったプロイセン軍の兵営を訪ね、ベルリン電信寮において電信の軍事的価値をあらためて認識した。そこから、造幣局、牢獄、小学校、大学校、消防施設、製錬場等も精力的に視察、三三日にわたるドイツ——うち二三日はプロイセン——滞在を終える。

明治六年三月二八日、内治・外交に重要案件を抱えて苦慮する太政大臣の三条実美が副使に発した勅旨を受け、大久保は使節団を離れて帰国の途につく。ビスマルク演説の余韻を噛みしめながら……。

かたや同じ勅旨を受けた木戸は敢えてそれにしたがわず、そのまま使節団とともに、次の訪問国にして、幕末以来日本最大の対外的脅威となっていたロシアへとむかう。そして、一八日間のロシア視察を終えると、ようやく帰国の途についた。

大久保・木戸の帰国後も、使節団はデンマーク、スウェーデン、北ドイツ、イタリア、オーストリア、スイスを歴訪。デンマークのコペンハーゲンでは、長崎—上海間の海底電信線路を敷いた大北電信会社の歓待を受けている。

『実記』第六十七巻「嗹馬國《デンマーク》ノ記」には、一八七三年四月二〇日午後六時より、

「府中ノ人ノ招キニヨリテ、電信會社ニ赴ク、嗹馬ノ海外電信會社ハ、我日本ヘモ條約シ、上海ト長崎トノ海底線ヲ設ケタル」

〔市の接待とのことで電信会社に赴いた。デンマークのグレート・ノーザン（大北──引用者）電信会社は、日本政府と契約して上海・長崎間の海底ケーブルを設置したほどの会社なので（ある）〕

との記述がみられる。

スイスのジュネーブに滞在する一行のもとに、一通の国際電報が届いたのは七月九日のこと。『実記』第八十六巻「『ベロン』及ヒ『ゼネーヴァ』府ノ記」には、「日本政府ヨリ、急ニ歸國スヘキ電信來リ〔日本政府から急遽帰国するようにとの電信が来た〕」とある。ヨーロッパ中央部の山岳国スイスにも電信網はつうじており、『実記』第八十四巻「瑞士《スイス》國ノ記」〔原本の例言目次は「瑞士蘭國ノ記」となっている〕には「電信ノ線路ハ、一萬千六百九十九『キロメートル』ニ及ヒ、毎年信書ノ平均ハ、七十九萬八千封ニテ、四萬餘『フランク』ノ利ヲ収メ、去ル七十二年ニハ、信書百四十八萬ニ及ヒシトナリ〔電信の架設距離は一万一、六九九キロメートルに

及び、毎年の平均信書扱い数は七九万八、〇〇〇通で四万フラン余の利益を上げている。一八七二年には信書扱い数一四八万通に達した）」と記されている。

帰国命令に接した使節団は、七月二〇日にフランスのマルセーユから郵便船アヴァ号に乗り込み、ようやく日本にむけて出発。「無恙帰朝ヲ祈ル」という三条の餞《はなむけ》の言葉どおり、一年一〇ヵ月の長きにわたる欧米歴訪の旅を終え、明治六年九月一三日に無事帰朝を果たした。

その翌日、岩倉は正院で帰朝報告をおこなうが、心身を休めるいとまもなく、すでに帰国していた大久保、木戸、そして伊藤とともに、明治日本の命運を左右する政府内部の主導権争いに巻き込まれていく――

# エピローグ

## ――岩倉使節団とその後の電気通信――

一國ノ全體ヲ整理スルニハ人民ト政府ノ兩立シテ始テ其成功ヲ得可キモノナレハ我輩ハ國民タルノ分限ヲ盡《つく》シ政府ハ政府タルノ分限ヲ盡シ互ニ相助ケ以テ全國ノ獨立ヲ維持セサル可《べか》ラス

［一国の全体を整理するには、人民と政府の両立があってはじめてその成功を得ることができるものなので、我々は国民としての分限を尽くし、政府は政府としての分限を尽くし、互いに助けあって国全体の独立を維持しなければならない］

――福澤諭吉『学問のすゝめ』第四編より

条約は　むすび損なひ　金は捨て
世間へたいし（大使）　なんといわくら（岩倉）

使節団を語るときには、必ずといっていいほど取りあげられる落首だ。その因《もと》となったのは、他愛もない事件である。

アメリカにおける条約改正交渉の蹉跌《さてつ》後、使節団のうちの数人が、南貞助という人物の勧めで、政府より支給された旅費や手当をアメリカン・ジョイント・ナショナル・バンクのロンドン本店ナショナル・エージェンシーに預けた。

「西洋では無暗に現金を持ち歩かない。銀行《バンク》に預けて、必要なときに必要な額だけ現金に換えればいい。しかも、銀行に預けておけば、利子というものがついて金が勝手に殖《ふ》えていく」

というのが誘い文句であったかと思われる。

ナショナル・エージェンシー重役を務める南は、じつは長州の風雲児にして回天の英雄である高杉晋作の従兄弟《いとこ》で、慶応年間にロンドンに留学、明治元年には外国官権判事を拝命している。その経歴からして誰もが、

——南からの話だから、信用してよかろう。

と考えたのも無理はない。

多額の現金の安全確保と財テクの一石二鳥をもくろんだわけだが、同社の破産に遭って預金はあえなく消失する。南自身この顚末に為す術がなく、使節団員たちも悪気がなかったとはいえ、留学生の学費まで預けてしまったことから、合計二万五〇〇〇ポンドにおよぶ大損害をこうむった。

「附録四　参考・引用文献一覧」岩倉使節団一次史料収録『在英雑務書類』第一七号にも、

「アメリカンジョイントナショナルバンク倒産により預金していた使節団員難渋、東洋銀行より金子《きんす》借用の件・留学生学費立替入用の為寺島大弁務使より金子渡方申立の件」

と記録されている。

三宅雪嶺は使節団の面々が演じた無様《ぶざま》なドタバタ劇を、文明開化期における田舎者の代名詞「赤毛布《あかケット》」［明治五年頃から農村部で流行した赤いブランケット。旅行時にマフラーのように首に巻い

図版49　『米欧回覧実記』巻頭墨書

た」と揶揄《やゆ》し、「太政大臣の送別辞に『所率ノ官員、亦是一時ノ俊秀』とあれど、俊秀も旅の恥は掻捨ての姿なり」と批判したあと、「大使副使の名あるも観光団に異らず」という痛罵を加えている。

たしかにアメリカでの大失態もあり、外交使節としては「失格」の烙印を押されても致し方あるまい。だが、ここでいま一度、使節団派遣構想の段階ですでに、近代文明の発信地たる欧米諸国の現状を政府要人がみずからの眼で直視し、肌で感じることの意義が強調されていた事実を想起せねばならない。

つまり、当初の構想にしたがえば、条約改正の予備交渉とてあくまでも使節団の使命のひとつであり、アメリカでの条約交渉の失敗もじつのところ、「瓢簞《ひょうたん》から駒」を狙ったために生じた偶発的な事件にすぎなかったともいえる。

現に大使の岩倉は、使節団の公式報告書たる『実記』の刊行にあたり、「明治八年三月題《だいす》」として、「觀光」なる墨書（図版49）を巻頭に寄せている。けだし、彼をはじめとして使節団に参加した人びとは皆、文字どおり「觀光」の古義にのっとり、近代化の青写真を求めんと欧米諸国の文物・風俗や政治・礼制をつぶさに視察、その長短を見極めようと刻苦勉励したからだ。

そこには、三宅が「観光団」という言葉に含ませた物見遊山的な軽薄さは、微塵もなかった。渡米船中で留学子女に無礼を働いた団員を模擬裁判にかけた事件や、ロンドンでの預金損失事件も、拙《つたな》いといえば余りに拙いが、先進文明を体感せんとする意気込みの顕《あら》われと解することもできよう。

その意味で、岩倉が『実記』巻頭に堂々たる筆跡でしたためた「觀光」の二文字には、彼我の文明の圧倒的な落差をまえに襲いくる絶望と焦燥と不安を乗り越えて、使節団の使命と責任を果たした自負と誇りが込められている、と考えてよい。

右掲落首の作者と目される福地源一郎［一等書記官］も後年、使節団に左のごとき評価をあたえている。

「日本をして、大いに文明開化の国たらしめようと、そういう大胆な企てをしたのは、岩倉使節団（中略）日本人とはかくの如きものであると、アメリカやヨーロッパに紹介したのも、やはり岩倉使節団（中略）そして、木に竹を接《つ》ぐ如き文明開化を改め、秩序的文明、秩序的開化の道をつけたのは、岩倉大使一行の土産であった」

さて、ここまで『実記』をひもときながら、一九世紀後半に地球規模の情報通信網を築いた驚異のニューメディア＝電信に光をあて、アメリカ、イギリス、プロイセンにおける使節団員の見聞や体験が、近代日本の通信行政にあたえた影響を考えてきた。

三ヵ国の電信事情の要点《ポイント》を簡潔にまとめるならば、それぞれ左のようになるだろう。

(1)アメリカ――WUTC支局における電信実演。

「此線ハ當節日本使節ノタメ政府ヨリ『チカゴ』及ヒ華盛頓府へ、新ニ張タル線ニテ、其價ハ六千弗《ドル》ヲ費シタリ……」

(2)イギリス――ロンドン電信寮の見学。

「英國全地ニ通セル電線ノ長サハ、二萬二千三百十九英里、其海外ニ通セル所ノ長サ一萬二千三百八十二英里ノ長キニ及フ、（中略）大抵半気球ヲ貫通シテ、日日相報告ス、世界ノ事ハ、猶之ヲ掌ニミルカ如シ……」

(3)プロイセン――ベルリン陸軍電信寮の視察。

「電信寮ハ、陸軍ノ管轄ニテ兵卒ヲシテ之ヲ主掌辨理セシム、電報ハ軍機ニ於テ肝要ノ器ナレハ、兵卒ノ内ニ、此技術ニ閑熟セサルヘカラス……」

まず、(1)は、使節団一行に、最先端のITたる電信の迅速性と超時空性を再認識させた。すなわち、資金を投じて建柱・架線すれば、どこでなにが起こっているのかをほぼリアルタイムで把握できる、と。

つぎに、(2)をつうじて一行は、イギリスに繁栄をもたらした国際貿易がオール・レッド・ラインにささえられていることを理解した。そして、列強諸国の仲間入りを果たすには、電信でむすばれた地球規模の情報通信網に参加していく技術力を養うことが不可欠との認識に至る。

そして(3)は、「大国のふりかざす力の論理のまえには万国公法など無力」というビスマルクの衝撃的な教示とあいまって、電信が軍事力の重要な構成要素であるという事実を一行に知らしめる。新興プロイセンが古豪のオーストリア、フランスをつぎつぎと撃破できたのは、電信線路を介した正確な戦況把握と迅速な兵力移動によるものであった。

使節団に参加・随行した人びとは、希代の啓蒙書『西洋事情』初編に描かれた先進欧米の姿を、みずからの眼で実見し、みずからの肌で実感することによって、西洋文明の精髄をつかみとろうとした。電気通信をめぐっては、図版50に列記した使節団員や随行留学生が、その後の発展に、何某《なにがし》かの縁やかかわりを持つこととなる。

彼ら以外でも、後続派遣組として使節団に合流したなかには、電気通信行政の展開に重要な役割を果たす人物がいた。理事随行としてフランス警察制度の視察を命じられた川路利良《としよし》［薩摩閥］は、帰朝後に大久保政権下で大警視［警視庁の長官］を拝命、近代警察制度の基礎を築く。その過程で、警察力の強化と治安維持をはかるべく、警察用電信・電話網を構築していく。

| 岩倉使節団関係者 | 電気通信行政とのかかわり |
|---|---|
| 大久保利通〔副使〕 | 帰朝後に内務省を新設し、みずから同省の卿に就任。殖産興業の要となる工部省の卿に伊藤博文を据えて、運輸通信などのインフラ整備を推進。 |
| 伊藤博文〔副使〕 | 明治元年に兵庫県知事として阪神間の電信架設を計画。帰朝後は工部卿としてインフラ整備にあたり、明治 11（1878）年に電信開業式を開催。 |
| 佐々木高行〔理事官〕 | 参議兼工部卿として、電話創業にあたり、民営・半官半民・官営の三案を併記した創業建白書を太政官政府に提出。 |
| 塩田篤信〔一等書記官〕 | 明治 4（1871）年にローマで開催された万国電信連合会議に特別弁務使として参加。 |
| 林　董三郎（董）〔二等書記官〕 | 逓信省の庶務局長に就任。電話創業に際して、初代逓信大臣の榎本武揚に官営論を説く。のちに自身も逓信大臣に就任。 |
| 野村　靖〔大使随行〕 | 榎本のもとで初代逓信次官を拝命。電話官営論を主張して榎本と対立。のちに自身も逓信大臣に就任。 |
| 田中貞吉〔同行留学生〕 | イギリスに留学。帰朝後、東京郵便電信学校長、台湾総督府郵便部長を歴任。 |
| 金子堅太郎〔同行留学生〕 | アメリカに留学。電話の発明者アレグザンダー・ベルと交流し、電話の公開実験に協力。帰朝後、農商務大臣、司法大臣、枢密院顧問などを歴任。 |
| 団　琢磨〔同行留学生〕 | アメリカに留学。金子と共にベルの電話公開実験に協力。のちに三井合名会社社長を経て同社理事長に就任。 |
| 日下義雄〔同行留学生〕 | アメリカに留学。帰朝後、一等駅逓官・駅逓局万国郵便課長・同局総監監房長を歴任。 |

図版 50　岩倉使節団員・同行留学生と電気通信行政

また、兵部大輔の山県有朋［長州閥］の養子であった山県伊（亥）三郎は、伊藤の従者という名目で使節団に同行してドイツに留学。明治三九（一九〇六）年に西園寺公望《さいおんじきんもち》［公家出身］内閣の逓信大臣となり、同年に鉄道国有法を公布する。

だが、近代通信行政を展望する場合に特筆すべきは、やはり使節団副使を務めた伊藤の活躍であろう。副使拝命の際、伊藤は工部大輔として官営電信の整備を指揮していた。帰朝後は明治六年政変を経て工部卿に就任するが、幕末以来三度にわたる欧米体験［文久三〈一八六三〉年のイギリスへの密航留学、明治三〈一八七〇〉年のアメリカへの財政・幣制調査、そして翌四年の岩倉使節団の欧米歴訪］から、西洋文明の実地見聞が近代化のにない手にあたえる価値を十分理解し、自身と同じ経歴を持つ人材を積極的に登用していく。

一例を引くと、伊藤はイギリス滞在中に工学寮教師の人選をグラスゴー大学に依頼し、ダイアーら数名を紹介された。明治六年六月にダイアー一行が日本に旅立つとき、外務省より使節団に随行していた林董三郎を工学寮責任者に任命、世話役として同行させる。

かつて幕府留学生としてイギリスに学んだ林を介添とすることで、ダイアーらが異郷で文化的摩擦に悩まされることなく職務に精励できる環境を整えようとしたわけだ。ダイアーたちも、そんな伊藤の心遣いに応えて、産業振興に不可欠な社会基盤《インフラ》の整備・発展に貢献する人材を多数育成した。

伊藤はさらに、明治七年一月、大蔵省紙幣頭《しへいのかみ》の芳川顕正《あきまさ》（図版51）を工部省に招いて工部大《たい》

図版 51　芳川顕正

図版 52　東京電信中央局開業式

丞《じょう》に任命する。そして、同年七月に初代電信頭の石丸安世が大蔵省造幣権頭《ごんのかみ》に転じると、芳川を二代電信頭に据えた。幕府通訳官を務めた芳川は、慶応三（一八六七）年頃伊藤に英語を教えている。それが縁となり、明治三年一一月に伊藤が大蔵少輔として貨幣制度視察のために渡米する折、随行員に指名された。伊藤は工部卿就任にともない、海外経験を持つ有能な人材を大蔵省より引き抜いたのである。

日本帝国電信条例の制定、官営電信事業への別途会計制度の適用はいずれも、芳川の手腕によるところ大であった。また、芳川は行動のひとでもあり、電信局長兼書記局長を拝命した明治一〇年には、西南戦役の戦地にみずから赴き、野戦電信架設の指揮をとっている。

初代石丸、二代芳川の両電信頭の指揮下で、明治六年に東京―長崎間、同七年に東京―青森間、同八年に青森―函館間の電信線路がそれぞれ開通し、ここに北海道から九州に至る列島縦貫電信線路が完成した。そして、旧西南雄藩領での士族反乱をはさんで明治一〇年代に入ると、今度は支線路の架設も全国各地で着々とすすむ。明治一一年三月二五日には築地木挽町に東京電信中央局が開設され、同日、盛大な電信開業式（図版52）が工部大学校講堂で挙行された。

これは同局開設式であると同時に、官営電信の正式な開業式でもあった。明治二年一二月末の横浜―東京間での電信創業以降、私用電報も取扱対象となっていたが、本来は官用の事業ということから、余裕があるときに限り、料金徴収のうえで一般も恩恵に浴させるという主旨であった。

けれども、このたびの中央局開設によって、料金を支払えば建前上、誰もがいつでも電報サービスを受けられることとなった。また、従来は大北電信会社に業務処理を一任していた国際電報も、万国公法に準じて諸外国の電信局と同じ資格で送受信が可能となる。

式典には大臣・参議・各国使臣、さらに朝野の名士ら錚々《そうそう》たる顔ぶれが揃った。その席上、まことに感慨深い祝辞を述べたのが、『西洋事情』初編によって幕末の社会に衝撃をあたえた福澤諭吉である。曰く、

「近年諸般ノ發明多シト雖《いえ》トモ其大發明中ノ最モ大ナルモノハ電信ノ右ニ出《い》ヅルモノナシ（中略）電信ハ國ノ神経ニシテ中央ノ本局ハ脳ノ如ク各所ノ分局ハ神経叢ノ如シ（中略）今ヲ去ルコト十三年慶應寅年諭吉ガ著シタル西洋事情ニ電信効用ノ大略ヲ挙ゲ西洋諸國ニハ電

信ナル一種ノ奇機アリ（中略）ナドヽ記シタル其時ニハ世ニ信ズル者ナク（中略）百歳ノ後ニハ又之ヲ實地ニ用フルコトモアランカト思フマデニテ迚《とて》モ生涯ノ中日本ニ於テ電信ノ實物ヲ見ンナドヽハ夢ニモ想像セザリシコトナルニ豈計《あにはか》ランヤ十三年ノ今日ニ至リテ親シク此盛會ニ陪スルヲ得タルハ諭吉ガ心ニ於テ恰《あた》カモ百年ノ想像ヲ十三年ノ後ニ於テ實地ニ見ルガ如シ」

〔電信の発明ほど素晴らしいものはありません（中略）これこそが国家の神経で、本局は脳にあたり、分局はその接合部にあたります（中略）小生は『西洋事情』初編をものし、欧米で目にした電信事情を紹介いたしました。そのときは信じる者とて少なく、あと一〇〇年も経てば我が国にも電信が敷かれるかもしれぬが、自分の目の黒いうちはとてもお目にかかれまいと思っておりました。ところが、それが一三年目の今日、この盛大な開業式にお招きいただけるとは、百年の夢が一三年で実現できた心地がいたします〕

礼服に勲章を着けて出席した工部卿の伊藤は、福澤の言葉に耳を傾けながら、かつて使節団副使として訪れたＷＵＴＣ電信会社やシティの電信寮の光景を思い出していたのではないだろうか。

大久保が紀尾井坂で西郷を崇拝する石川県士族の兇刃に斃《たお》れるのはその二ヵ月後。そして、彼の殖産興業構想に決定的な影響をあたえた使節団の欧米体験を克明に記録した『実記』の刊行はさらに四ヵ月後のこと。

あたかも彼岸へと旅立った宰相《おおくぼ》に捧げる挽歌《レクイエム》のごとく、子どもまでもが文明手毬《てまり》歌を口ずさんでいた。電信や蒸気機関車、蒸気船をはじめとして、郵便、新聞、瓦斯灯《がすとう》など、一〇におよぶ文明の利器を数えながら、近代化にむけた足取りも弾む手毬さながらにすすんでいく。

『実記』刊行――初刷本五〇〇部、定価四円五〇銭。関係者・関係各国への寄贈もあり、たちまち残部僅少となる――から一年を経ずして、福澤は『民情一新』を世に送った。彼はこの著において、文明を「猶《なほ》大海ノ如シ（中略）清濁剛柔　一切此ノ中ニ包羅《ほうら》ス可ラサルハナシ〔あたかも大きな海のようなもの（中略）清濁剛柔すべてを包み込めるはずだ〕」と表現し、電信、蒸気機関車、蒸気船に象徴される社会基盤《インフラ》に関連した技術の発展が「人民交通ノ便」を増進、「都《と》鄙《ひ》ノ別」を解消するとともに、「人民ノ活發進取ノ氣風ヲ養成」し、ひいては「民情ヲ一新」して、開化の時代をもたらした、と力説する。

「読書渡世の一小民」を自称して在野に生きようとした福澤としては、為政者＝官の視点に立つ体験的な西洋文明論＝『実記』に刺激を受け、そこに盛られた近代化への知恵を一般の人びと＝民が咀嚼《そしゃく》しやすいかたちで伝えようと、幕末以来変わらぬ啓蒙の使命感を以て『民情一新』を書いた、とも推察できよう。そのなかで、電信の効用は左のごとく語られる。

「傳信ハ唯商賣ノ損得ニ關スルノミナラズ戰爭ノ勝敗　交際ノ得失　政務ノ遲速等　凡ソ

人間ノ禍福皆コノ利器ニ由ラザル者ナシ巧《たくみ》ニ之ヲ用《もちい》レバ今日ノ寒貧《かんぴん》　明日ノ富豪タル可シ（中略）西人ノ言ニ傳信ハ世界ノ面ヲ狭クシタリト（中略）此利器ヲ用ル者ト用ヒザル者トヲ比較スレバ其ノ勢力權威ニ數百倍　差違アルヲ知ル可シ」

〔電信は商売の損得だけでなく、戦争の勝敗、外交の成否、政務の遅速等、おおよそ人間の幸不幸はこの利器の使用如何《いかん》にかかっている。これを巧みに利用すれば、今日の貧乏人が明日には富豪となる（中略）西洋人の格言に『電信のお陰で世界が狭くなった』というのがある（中略）この利器を活用する者としない者を比較すれば、その権力と権威に数百倍の差がつくことをしっかりと理解しておかねばならない〕

福澤が『民情一新』を上梓した頃には、民間の商工業者による電信の日常的な利用も活発になりつつあった。当時、日本唯一の外貨獲得商品であった生糸取引を眺めても、東京と各地の生糸集散地をつなぐ電信線路が開通したのは、東京—上州前橋〔現　群馬県前橋市〕間が明治一〇年一〇月。前年九月二七日付『東京日日新聞』によると、第一国立銀行頭取の渋澤栄一が電信頭の芳川に「上州は土地もよくその人民は蚕桑に熟し織物も精巧にてすなわち我が国にては最も緊要の国〔「地方」の意〕なれば、早く電信を架設ありたし」との一書を送付。芳川はただちに「本年内には架設の都合に相成る趣を回答」したという。

この上州に続いて、東京—信州上田〔現　長野県上田市〕間の電信線路は明治一一年五月、東京―甲州山梨〔現　山梨県甲府市〕間は同一二年六月に開通している。この年発行された『電信局長第五報告書』には「物産生殖ノ道旺盛ニ赴キ　各地通商ノ業競進ヲ要シ　機ニ投シ利ニ圖《はか》ル皆瞬時ヲ争フガ為メ　苟《いやしく》モ人民聚會スル處ハ皆分局ノ設アランコトヲ望マザルハナシ〈生産と利殖にかかわる活動が盛んになり、全国各地で商業が競うように発展していることから、商機をつかんで利益をえるには一瞬たりとも無駄にはできず、人びとの集まるところには電信分局を開設することが急務となっている〉」という文言もみられる。

この状況はまさに、『実記』第九十三巻「歐羅巴《ヨーロッパ》洲商業總論」に記された「運送ノ道路、舟車倉庫ヲ堅牢ニスレハ、荷主ハ安然トシテ、自家ノ業ニ勉励シ、期ニ至リ電報郵便ノ來ルヲ待ツノミ〈輸送のための交通路、輸送機関、倉庫が確実なものであれば、荷主は安心して自分の仕事に専念し、荷物の到着を知らせる電報や郵便を待っていればいい〉」という一節と重なり合う。

けれども、殖産興業を推進する社会基盤《インフラ》としての活躍は、電信というニューメディアが放つまばゆい光の側面であろう。光が強いほどに影も濃くなる。使節団は欧米での電信体験をとおして、電信が政治権力と軍事・警察力を維持・強化する装置である点もはっきりと認識した。電信開業式を機に一般にも電報サービスが開放されたとはいえ、それはあくまでも建前にすぎなかった。運営主体たる官――工部省やその廃省後は逓信省――は、国家を揺るがす重大事が発生すれば、当然のごとく、官用・軍用電報を最優先し、私用電報を停止する措置を強行。あまつさえ電報料金は官用・軍用が無料であるのに対して、私用はカナ一文字につき一厘六毛が徴収された。仮に二〇文字打てば三銭二厘となり、ほぼ米一升（一・五キロ）に相当する。民衆にとって、電信は贅沢品であった。

つまるところ、明治政府が電信、さらには後続の電話に期待したのは、国民生活を向上させる公益通信としての役割以上に、国内治安の維持と対外進出をささえる権力装置としてのそれにほかならない。

電信架設は大がかりな土木工事をともなうが、それは往々にして電信線路の開通予定地域の意向をまったく無視した、強権発動的なかたちで実施された。御雇外国人を含む測量・架設隊は、地域住民を強制徴用し、収穫前の農作物を有無もいわせず刈り取らせたあとを無遠慮に踏み荒らしながら建柱・架線をおこなった。

屹立する電柱とそのあいだに走る電線を日本各地で日常風景化していく過程は、二六〇余年にわたり大名領＝藩の庇護下で生きてきた領民を、新生日本の国民へと造り直し、中央集権的な支配体制に馴化《じゅんか》させていく政治過程でもあった。

既述のような経緯を経て官営事業に落ち着いた電話もまた、中央集権国家の権力装置たる役割をになう。じつは官営事業化が閣議決定される以前、電話はすでに北海道の農地開墾・道路開削・鉱山採掘に動員された囚徒の監視に活用されていた。樺戸《かばと》・空知《そらち》［現 北海道樺戸郡・空知郡］に置かれた集治監《しゅうじかん》［刑務所］と囚徒の作業現場をつなぐ監獄電話は、囚徒中の不平分子にかんする情報の共有や脱走囚徒の迅速な捕縛に威力を発揮し、北の処女地を日本国土へと作り変えることを援《たす》けた。

付言するなら、明治一八年に「北海道開拓に内地の囚徒を動員し、開拓事業に要する人件費と囚徒の収容にかかる監獄費の節約を同時に実現すべし」という意見を太政官に提出したのは、使節団同伴留学生としてアメリカのハーバード大学法学部に学んだ金子堅太郎である。この意見を長州閥重鎮となった伊藤から激賞された金子は、大日本帝国憲法草案の作成に加わり、伊藤内閣において農商務大臣、司法大臣を歴任することとなった。

近代日本の通信行政は公益性を度外視し、軍事・警察機能に重点を置きながら発展する。まず、電信はいち早く国内を縦横に走る線路を整備し、さらに軍国主義の台頭と歩調を合せて大陸にまで伸長した。後発の電話は、高額な料金体系によって独占的超過利潤を吸収しつつ、有事に架設した官用線を、戦後になると一般利用に供することで、わずかに公益通信事業としての面目を保っていく。

いわゆる「官尊民卑」を基調とする通信行政――就中、電気通信にかかわる――の在り方は、昭和六〇（一九八五）年に日本電信電話公社が民営化されるまで、一世紀以上の長きにわたり堅持された。このことへの賛否をめぐる議論はひとまず措《お》くとして、その源流へとさかのぼれば、明治四年一一月から一年一〇ヵ月、延べ日数にして六三二日におよぶ岩倉使節団の欧米体験がおのずと視界のうちに入ってくるのである。

# あとがき

本書の元となったのは、筆者が平成一六（二〇〇四）年にものした「明治維新とニューメディア――『米欧回覧実記』にみるITの黎明――」（『甲子園大学紀要（B）現代経営学部編』第三二号、一三三〜一五三頁）と同年一二月一七日に情報文化研究会（於 阪急ターミナルスクエア）で発表した「明治維新と元祖IT革命　岩倉使節団のニューメディア体験」である。

当時、筆者は米欧亜回覧の会関西支部に参加していた。同支部の世話人を務める故 山崎岳《たけ》麿《まろ》氏との御縁によるものだった。だいたい月に一回のペースで例会が催され、一五〜二〇名ほどの会員の方々とともに『実記』の名文を愉しみながら、自由闊達な議論に花を咲かせた。

いま手もとに残る『米欧亜回覧ニュース』をめくると、平成一七（二〇〇五）年五月三一日号の「関西支部報告」欄に「松田裕之氏から《明治維新とニューメヂ《ママ》ア「米欧回覧実記」にみる黎《ママ》明》について紹介と説明があった」（北村彰一氏筆）という記事がみつかった。『実記』を朗読する山崎氏の声がふと耳朶《じだ》によみがえり、懐かしさが胸にこみあげる。

それから早一四年が経過し、「明治一五〇年」の節目が訪れている。「明治百年」に日本が沸いた昭和四三（一九六八）年、小学校五年生であった筆者は、クラス全員で模造紙に「明治百年絵入り年表」というものを作成したことを憶《おぼ》えている。この年の大河ドラマの原作は、たしか司馬遼太郎の『竜馬がゆく』であったと思う。

いま還暦を迎えた筆者は、岩倉使節団の動向を追い、その記録である『実記』とひとりむきあっている。クラスメイトたちの消息は知らない。今年の大河ドラマの主役は、留守政府を率いた西郷隆盛らしい。皆様の公共放送を謳うならば、「明治一五〇年」という節目には然るべき人物を取りあげねばならない、という忖度《そんたく》も働いたことであろう――

さて、私事はこのあたりにとどめ、岩倉使節団に話をもどそう。この世界史上でも稀有な冒険集団が横浜港から世界にむけて旅立ったのは明治四年一一月のこと。「一身にして二生をえる」（福澤諭吉）がごとき時代の急転の余韻がいまだ醒めぬ時期であった。温度差をともないながらも、日本人全員が不透明な将来に対する不安を抱いていたことであろう。

「これからこの国はいったいどうなるのだ?!　自分たちはどう生きればいいのだ?!」

ひるがえってこんにち、わたしたちの暮らす世界は、電信が狭くした一五〇年まえよりもさらに狭まり、しかもその動きは翔《と》ぶがごとくに激しく迅《はや》い。

明治の祖《おや》たちに比ぶべくもないが、筆者の世代は一九八〇年代のいわゆるＩＴ革命を境として「一身にして二生」という感じがしなくもない。我が祖たちが抱いた不安を、じつは現在のわたしたちも共有しつつあるのではないか。さすれば、

（『実記』に充溢する強靭でしなやかな、それでいて懐《ふところ》の深い精神の営みには、転換期の変化を洞察し、然るべき行動を主体的に起こすための有益なヒントが含まれているにちがいない）という思いに駆られ、わたしたちの生き方を根底から揺さぶりつつあるＩＴ革命の原風景を取りあげた。

題材に選んだ『実記』は、日本の伝統的な世界観に立ちながら、一八七〇年前後の最新技術の実況を驚くほどの具体性と詳細さ、そして臨場感あふれる描写によって、読む者に伝えてくれる。そこには、列強に伍すべく西洋文明の核心にせまり、その最適な受容の在り方を探ろうとする熱意だけでなく、鋭い観察と客観的評価を生みだす冷静なまなざしがひそんでいた。たとえば、『実記』第二十三巻「倫敦府ノ記 上」における左の論説は、かかる姿勢を見事に示したものといえよう。

「當今歐羅巴《ヨーロッパ》各國、ミナ文明ヲ輝カシ、富強ヲ極メ、貿易盛ニ、工藝秀テ、人民快美ノ生理ニ、悦楽ヲ極ム、其情況ヲ目撃スレハ、是歐洲商利ヲ重ンスル風俗ノ、此ヲ漸致セル所ニテ、原來此洲ノ固有ノ如クニ思ハレル𪜈、其實ハ然ラス、（中略）今ノ歐洲ト四十年前ノ歐洲トハ、其觀ノ大ニ異ナルヿ《こと》モ、亦想像スヘシ、陸ニ滊車モナク、海ヲ駛《し》スル滊船モナク、電線ノ信ヲ傳フルヿモナク、小舟ヲ運河ニ曳《ひ》キ、風帆ヲ海上ニ操《あやと》リ、馬車ヲ路ニ驅リ、飛騎ヲ驛ニ走ラセ、兵ハ銅砲燧銃《すいじゅう》ヲトリテ、數十歩ノ間ニ戰ヒ（中略）タリ」

〈現在、ヨーロッパ各国はみな輝かしい文明を誇り、富強をきわめ、貿易も盛んで、秀でた技術を持ち、人民は快適な生活を送って悦楽を楽しんでいる。その状況を見ると、これは欧州が商業的利益を重んずる風俗を持っているため、次第にこんな状態になったことがわかる。しかし、そのことを欧州独特のことであると考えるのは間違いである。（中略）いまの欧州と四〇年前の欧州と、状況がどれほど異なったかということを想像してみてほしい。四〇年前には、陸を走る汽車もなく、海を行く汽船もなく、電線が通信を運ぶこともなかった。運河で小舟を曳き、海上で帆船を操り、道には馬車が走り、駅馬を走らせて通信を運び、兵士は銅の大砲やフリント銃を使って数十歩の近距離を隔てて戦っ（中略）た〉

世界の第一等国が放つ文明のアウラに圧倒されつつも久米は思う。いま世界に覇を唱えるイギリスも、ほんの四〇年前には日本とほとんど大差のない暮らしを営んでいた。気が遠くなるほどに感じられた彼我の差も、歴史をさかのぼれば、わずか四〇年の歳月にすぎない、と。しかも、我々はいまこうしてイギリスの富強の源にふれ、そのからくりを観察する機会に恵まれている。それを知れば、遠からず追いつくこともできるのではないか。現に帰朝を果たしたいま、電信は日本列島を南北に縦貫し、鉄道も横浜―新橋間と大阪―神戸間に開通、郵便制度も全国にわたって展開しつつあるのだから。

否、待て。ここでもうひとりの久米が反問する。イギリス四〇年の急速な社会発展は、それに先行する歴史的な基盤があってこそのものだ。それは経済的利益を重んずる風俗であるが、これを日本人が我が物とするのに、このさき、どれほどの歳月を要するのだろうか。

留守政府が推進した改革も、大多数の民衆の意識を変えるには至っていないのが実情。首府東京に暮らす下層民は、米麦価格があがればたちまちその日の食事に窮し、一年の大半を半裸ですごす。官吏や上流民といえども、洋服のうえに羽織をまとうというちぐはぐさ。

聞けば、電信架設は各地で住民たちの妨害に遭ったというではないか。そのとき彼らは電信を「キリシタン・バテレンの魔術」と恐れ、電柱に「処女の血を塗る」と言い立てて、娘たちを裏山に隠したともいう。御雇外国人は住民たちの襲撃に怯《おび》え、自慢の髭《ひげ》を剃り落としたうえ、陣笠をかぶり、羽織袴をまとって日本人に変装することで難を避けたらしい。

かかる現状であればこそ、あまりに短兵急な西洋文明の移植を強行すれば、旧態依然たる大半の民衆は混乱し、かえって危険な錯誤をもたらすことで、国家を存亡の淵へと誘《いざな》うのではないか。

結局、みちびきだされる結論は、至極ありふれたものとならざるをえない。すなわち、

――人は活物《いきもの》であり、その集合体としての国もまた活物である。

ということだ。

たしかに使節団が訪れたとき、どの国もひとつとしてその活動を止めてはいない。ゆえに、

一行は動き続ける文明の実態と人びとの生態を、その動きのままに捉えようとした。

『実記』も当然、この姿勢を素直に反映したものとなった。グリフィスによる「新奇な経験という鏡に自分を映してみて、たくさんの思いもよらない啓示を得た」（『ミカド　日本の内なる力』）という使節団評は、まことに正鵠を射たものといえよう。

『実記』の行間には、彼我のあいだに横たわる歳月の重さと軽さをともに噛みしめ、希望と失望、自信と不安、楽観と悲観のあいだを激しく振幅しながら、それでもなお西洋文明の真髄を見極めようと、活発かつ貪欲に動く頭脳とそれをささえる使命感がみなぎっている。

さればこそ、『実記』に刻み込まれた使節団の体験という壮大な碑文は、ＩＴに限らず、あらゆる領域で〈知〉を求めて主体的に行動し生きようとする人びとに多様な読み解きを許し、つねに「未発の可能性」としての選択肢を新鮮なかたちで提示しながら、豊かな発想力《イマジネーション》を刺激してきたのである。

わたしたちはいま、地球を覆い尽くすインターネットに、パーソナルコンピュータやスマートフォンを使ってなんの苦もなくつながり、真偽定かならぬ情報を無尽蔵に入手できる。だが、〈知〉が無限大に拡がる可能性を手にした一方で、情報端末機の便利さや手軽さに身も心も奪われて、知らず知らずのうちに知性の矮小化と感性の鈍磨をきたしてもいる。

あまつさえ「人類史上最大の出来事にして、最後の出来事になる」［スティーブン・ホーキング談」可能性を秘めた人工知能（artificial intelligence）が、インターネットに合体し、人間の知性にだけ入場を許してきた曖昧模糊《あいまいもこ》や融通無碍《ゆうずうむげ》といった聖域《サンクチュアリ》までも、その支配下に置こうとしている。

そんなことも知らぬかのように、手のひらサイズの仮想空間を「世界」と思い込み、まえをむいて歩くことさえできない人びとが巷《ちまた》にあふれる。情報の無尽蔵な拡がりが〈知〉を限りなく縮小していく危険なジレンマと隣り合わせで生きるわたしたちは、このさき、みずからの独立とアイデンティティをどのように維持していけばよいのであろうか。

摩擦と葛藤を孕んだ高度情報化とグローバル化のうねりのなかで、この課題の解決にむけた行動《アクション》を起こせるのは、『実記』に代表されるような知的遺産に真摯なまなざしをむけ、祖たちの遺した叡智《えいち》を掘り起こそうとする意志を持つ人間群であること、それだけはまちがいない。

# 附録一　岩倉使節団構成員一覧

| 使節団職名 | 氏　名 | 出発時の官職 | 出身／年齢 |
|---|---|---|---|
| 特命全権大使 | 岩倉具視 | 右大臣兼外務卿 | 公家／四七歳 |
| 副使 | 木戸孝允 | 参議 | 山口／三九歳 |
| 副使 | 大久保利通 | 大蔵卿 | 鹿児島／四二歳 |
| 副使 | 伊藤博文 | 工部大輔 | 山口／三一歳 |
| 副使 | 山口尚芳 | 外務少輔 | 佐賀／三三歳 |
| 一等書記官 | 田辺泰一（太一） | 外務少丞 | 幕臣／四一歳 |
| 一等書記官 | 何　礼之 | 外務六等出仕 | 幕臣／三二歳 |
| 一等書記官 | 福地源一郎 | 大蔵省出仕 | 幕臣／三一歳 |
| 二等書記官 | 渡辺洪基 | 外務少記 | 福井／二四歳 |
| 二等書記官 | 小松済治 | 外務省七等出仕 | 和歌山／二五歳 |
| 二等書記官 | 林薫三郎（薫） | 外務省七等出仕 | 幕臣／二二歳 |
| 二等書記官 | 長野桂次郎 | 外務省七等出仕 | 幕臣／二九歳 |
| 三等書記官 | 川路簡堂（寛堂） | 外務省七等出仕 | 幕臣／二八歳 |
| 四等書記官 | 安藤太郎 | 外務大録 | 幕臣／二五歳 |
| 四等書記官 | 池田政懋 | 文部大助教 | 佐賀／二四歳 |

| | | | |
|---|---|---|---|
| 大使随行 | 中山信彬 | 兵庫県権知事 | 佐賀／三〇歳 |
| 大使随行 | 五辻安仲 | 式部助 | 公家／二七歳 |
| 大使随行 | 野村　靖 | 外務大記 | 山口／三〇歳 |
| 大使随行 | 内海忠勝 | 神奈川県大参事 | 山口／二九歳 |
| 大使随行 | 久米邦武 | 権少外史 | 佐賀／三三歳 |
| 理事官（大蔵省） | 田中光顕 | 戸籍頭 | 高知／二九歳 |
| 随行 | 安場保和 | 租税権頭 | 熊本／三七歳 |
| 随行 | 若山儀一 | 租税権助 | 東京／三二歳 |
| 随行 | 阿部　潜 | 大蔵省七等出仕 | 幕臣／三三歳 |
| 随行 | 沖　探三（守固） | 大蔵省七等出仕 | 鳥取／三二歳 |
| 随行 | 富田命保 | 租税権大属 | 幕臣／三四歳 |
| 随行 | 杉山一成 | 検査大属 | 幕臣／二九歳 |
| 随行 | 吉雄辰太郎（永昌） | 不詳 | 不詳 |
| 理事官（宮内省） | 東久世通禧 | 侍従長 | 公家／三九歳 |
| 随行 | 村田経満（新八） | 宮内大丞 | 鹿児島／三六歳 |
| 理事官（兵部省） | 山田顕義 | 陸軍少将 | 山口／二八歳 |
| 随行 | 原田一道 | 兵学大教授 | 幕臣／四二歳 |
| 理事官（文部省） | 田中不二麿 | 文部大丞 | 名古屋／二七歳 |
| 随行 | 長与秉継（専斎） | 文部中教授 | 佐賀／三四歳 |

| | | | |
|---|---|---|---|
| 随行 | 中島永元 | 文部省七等出仕 | 佐賀／二八歳 |
| 随行 | 近藤昌綱（鎮三） | 文部中助教 | 幕臣／二三歳 |
| 随行 | 今村和郎 | 文部中助教 | 高知／二六歳 |
| 随行 | 内村公平（良蔵） | 文部省九等出仕 | 山形／不詳 |
| 理事官（工部省） | 肥田為良 | 造船頭 | 幕臣／四二歳 |
| 随行 | 大島高任 | 鉱山助 | 岩手／四六歳 |
| 随行 | 瓜生震 | 鉄道中属 | 福井／一九歳 |
| 理事官（司法省） | 佐々木高行 | 司法大輔 | 土佐／四二歳 |
| 随行 | 岡内重俊 | 権中判事 | 土佐／三〇歳 |
| 随行 | 中野健明 | 権中判事 | 佐賀／二三歳 |
| 随行 | 平賀義質 | 権中判事 | 福岡／四六歳 |
| 随行 | 長野文炳 | 権少判事 | 大阪／一八歳 |

（注）一等書記官で外務大書記の塩田篤信（三郎）は、アメリカで現地参加したために、使節団首脳と同時に発令されているが、出発時の構成員には含まれない。

## 附録二　岩倉使節団同伴留学生一覧

| 留学生身分 | 氏名 | 官費／私費 | 位階・出身 |
|---|---|---|---|
| 華族 | 鍋島直大 | 私費 | 正四位 |
| 華族 | 伊達宗敦 | 私費 | 同上 |
| 華族 | 前田利同 | 私費 | 従四位 |
| 華族 | 奥平昌邁 | 私費 | 同上 |
| 華族 | 吉川長吉 | 私費 | 同上 |
| 華族 | 蜂須賀茂詔 | 私費 | 同上 |
| 華族 | 黒田長知 | 私費 | 従四位 |
| 華族 | 高辻修長 | 私費 | 同上 |
| 華族 | 武者小路実世 | 私費 | 同上 |
| 華族 | 長岡義之 | 私費 | 同上 |
| 華族 | 錦小路頼言 | 私費 | 同上 |
| 華族 | 毛利元敏 | 私費 | 同上 |
| 華族 | 吉川重吉 | 私費 | 同上 |
| 華族 | 岩倉具綱 | 私費 | 同上 |

## 附録二　岩倉使節団同伴留学生一覧

| | | | |
|---|---|---|---|
| 華族 | 鳥居忠文 | 私費 | 従五位 |
| 華族 | 坊城俊章 | 官費 | 同上 |
| 華族 | 松崎万長 | 官費 | 従五位 |
| 華族 | 万里小路秀麿 | 官費 | 同上 |
| 華族 | 前田利嗣 | 官費 | 従四位 |
| 華族 | 清水谷公考 | 官費 | 同上 |
| 士族 | 河内宗一 | 官費 | 山口 |
| 士族 | 中江篤介 | 官費 | 高知 |
| 士族 | 日下義雄 | 官費 | 山口 |
| 士族 | 関沢明清 | 私費 | 金沢 |
| 士族 | 堀　嘉久馬 | 私費 | 高知（金沢県貫属） |
| 士族 | 金子堅太郎 | 私費 | 福岡 |
| 士族 | 岩下長十郎 | 私費 | 高知（鹿児島県貫属） |
| 士族 | 牧野伸顕（伸熊） | 私費 | 鹿児島 |
| 士族 | 百武兼行 | 私費 | 佐賀 |
| 士族 | 松村文亮 | 私費 | 佐賀 |
| 士族 | 松田益次郎 | 私費 | 岡山 |
| 士族 | 平田範静 | 私費 | 山形 |
| 士族 | 田中貞吉 | 私費 | 岡山 |

| | | | |
|---|---|---|---|
| 士族 | 土屋静軒 | 私費 | 山口（岩国県貫属） |
| 士族 | 川村　勇 | 私費 | 静岡 |
| 士族 | 湯川頼次郎 | 私費 | 長崎（大村県貫属） |
| 士族 | 沢田春松 | 私費 | 山口（金沢県貫属） |
| 士族 | 団　琢磨 | 私費 | 佐賀 |
| 士族 | 三浦芳太郎 | 私費 | 山口 |
| 士族 | 田中永昌 | 私費 | 山口 |
| 士族 | 水谷六郎 | 私費 | 山口 |
| 士族 | 松浦熙行 | 私費 | 長崎（大村県貫属） |
| 士族 | 中島精一 | 私費 | 長崎（金沢県貫属） |
| 士族 | 大久保彦之進 | 私費 | 鹿児島 |
| 士族子女 | 上田貞子 | 開拓使官費 | 新潟 |
| 士族子女 | 永井　繁 | 開拓使官費 | 静岡 |
| 士族子女 | 山川捨松 | 開拓使官費 | 青森 |
| 士族子女 | 吉益亮子 | 開拓使官費 | 東京 |
| 士族子女 | 津田梅子 | 開拓使官費 | 東京 |

（注）「貫属」とは、戸籍上の居住地を指し、元の出身地（藩）とは異なる場合も多い。

# 附録三　図版出典一覧

| 番号 | 図版名 | 出典 |
|---|---|---|
| 1 | サミュエル・モールス | The Library of Congress〔Prints and Photographs〕 |
| 2 | モールス電信 | 同右 |
| 3 | ヴィクトリア女王 | 同右 |
| 4 | 岩倉使節団欧米歴訪コース略図 | 筆者作成 |
| 5 | 岩倉使節団首脳部<br>岩倉具視、大久保利通、<br>木戸孝允、伊藤博文 | 国立国会図書館蔵「近代日本人の肖像」 |
| 6 | ペリーが献上した米国製エンボッシングモールス電信機 | 郵政博物館提供 |
| 7 | 米国使節実験電信機図（差物） | 同右 |
| 8 | 福澤諭吉 | 国立国会図書館蔵「近代日本人の肖像」 |
| 9 | 『西洋事情』初編（明治三年版） | 国立国会図書館デジタルコレクション「西洋事情初編巻之一」 |
| 10 | 横浜―東京間　電信線路図 | 関東電気通信局編〔一九六八年〕『関東電信電話百年史　上巻』電気通信協会 |
| 11 | 電信架設工事（大森付近） | 郵政博物館提供 |

| | | |
|---|---|---|
| 12 | 「傳信機之布告」図 | 同右 |
| 13 | 石丸安世 | 造幣局提供 |
| 14 | グイド・フルベッキ | 明治学院歴史資料館提供 |
| 15 | 大隈重信 | 国立国会図書館蔵「近代日本人の肖像」 |
| 16 | 岩倉使節団出発の風景 | 明治神宮監修／米田雄介編〔二〇一二年〕明治天皇百年祭記念『明治天皇とその時代 「明治天皇紀附図」を読む』吉川弘文館 |
| 17 | 『米欧回覧実記』全五編 | 久米美術館提供 |
| 18 | 久米邦武 | 同右 |
| 19 | 江藤新平 | 国立国会図書館蔵「近代日本人の肖像」 |
| 20 | 久米邦武の現地メモ類 | 久米美術館提供 |
| 21 | 岩倉使節団の電信見聞・体験録 | 筆者作成 |
| 22 | モールスの電信公開実験 | The Library of Congress〔Prints and Photographs〕 |
| 23 | 五針電信機 | 郵政博物館提供 |
| 24 | ブレゲ指字電信機 | 同右 |
| 25 | ロッキー山脈線路沿いに立ち並ぶ電信柱 | 国立国会図書館デジタルコレクション「特命全権大使米欧回覧実記　第一篇　米利堅合衆国ノ部」 |
| 26 | シカゴ市街の中空に交錯する電線 | 同右 |
| 27 | 『ニューヨーク・ヘラルド』掲載「日本人と電信」 | The Library of Congress〔Prints and Photographs〕 |

| | | |
|---|---|---|
| 28 | 一八七五年当時の　WUTCニューヨーク本社 | 同前 |
| 29 | 岩倉使節団のグラント大統領謁見 | 同右 |
| 30 | ハリー・パークス | F・V・ディキンズ著／高梨健吉訳〔一九八四年〕東洋文庫『パークス伝　日本駐在の日々』平凡社 |
| 31 | 大西洋横断海底電信線路図 | The Library of Congress〔Prints and Photographs〕 |
| 32 | ヴィクトリア女王と　ブキャナン大統領の交信電文 | 同右 |
| 33 | 国際電信網　(ヴィクトリアン・インターネット) | The Library of Congress〔Maps〕 |
| 34 | 九州─台湾海底電信線路図 | 石井寛治〔二〇〇二年〕日本史リブレット『情報化と国家・企業』山川出版社 |
| 35 | 榎本武揚 | 国立国会図書館蔵「近代日本人の肖像」 |
| 36 | 野村　靖 | 同右 |
| 37 | 林　董 | 同右 |
| 38 | 前島　密 | 同右 |
| 39 | ヴィルヘルム一世 | The Library of Congress〔Prints and Photographs〕 |
| 40 | オットー・ビスマルク | 同右 |
| 41 | 一八七六年フィラデルフィア万博に出展されたクルップ砲 | 同右 |

| | | |
|---|---|---|
| 42 | フリードリッヒ・リスト | フリードリッヒ・リスト著／正木一夫訳〔一九六五年〕『政治経済学の国民的体系――国際貿易・貿易政策およびドイツ関税同盟――上巻』勁草書房 |
| 43 | ヘルムート・モルトケ | The Library of Congress〔Prints and Photographs〕 |
| 44 | ジーメンス社製電信機 | セバスティアン・ドブソン&スヴェン・サーラ編／中井晶夫訳〔二〇一二年〕『プロイセン――ドイツが観た幕末日本　オイレンブルク遠征団が残した版画、素描、写真』日独交流一五〇周年 |
| 45 | ビスマルクの電報改ざん（左欄／元電報・右欄／改ざん電報） | 筆者作成 |
| 46 | 横浜電信局での電信訓練風景 | 郵政博物館提供 |
| 47 | 電信技術訓練生 | 郵政博物館提供 |
| 48 | ヘンリー・ダイアー | ヘンリー・ダイアー著／平野勇夫訳〔一九九九年〕『大日本　技術立国日本の恩人が描いた明治日本の実像』実業之日本社 |
| 49 | 『米欧回覧実記』巻頭墨書 | 久米美術館提供 |
| 50 | 岩倉使節団員・同行留学生と電気通信行政 | 筆者作成 |
| 51 | 芳川顕正 | 国立国会図書館蔵「近代日本人の肖像」 |
| 52 | 東京電信中央局開業式 | 郵政博物館提供 |

# 附録四　参考・引用文献一覧

◇**『米欧回覧実記』**

・国立国会図書館デジタルコレクション「特命全權大使米歐回覽實記」第一～五篇
・久米邦武編修／田中彰校訂・解説（一九七七～八二年）『特命全権大使　米欧回覧実記』㈠～㈤　岩波文庫
・久米邦武編著／水沢周訳・注／米欧亜回覧の会企画（二〇〇八年）『現代語訳　特命全権大使　米欧回覧実記（普及版）』第一～五巻＋別巻総索引　慶應義塾大学出版会
・久米邦武編著／大久保喬樹訳註（二〇一八年）『現代語縮訳　特命全権大使　米欧回覧実記』角川ソフィア文庫

◇**岩倉使節団一次史料**

・田中彰監修・解説（一九九四年）『国立公文書館所蔵　岩倉使節団文書』（マイクロフィルム＋別冊付録）ゆまに書房

「原稿」の部

| |
|---|
| 欧米大使全書　全一冊 |
| 大使信報　全一冊 |
| 本朝公信　天・地・人　全三冊 |
| 公信附属書類　全五冊 |
| 各国帝王謁見式　全一冊 |
| 在米雑務書類　全一冊 |
| 在仏雑務書類　全二冊 |
| 在英雑務書類　全二冊 |
| 発仏後雑務書類　全二冊 |
| 理事官書類　外務省　全一冊 |
| 理事官書類　司法省　全五冊 |
| 理事功程　文部省　全六冊 |
| 理事官書類　海軍省　大阪府　全一冊 |
| 理事官書類　宮内省　式部寮　全一冊 |
| 大使雑録　全一冊 |
| 大使信書原案　往・来　全二冊 |

「原本」の部

| |
|---|
| 大使全書　全一冊 |
| 本朝公信　全一冊 |
| 本朝公信附属書類　上・中・下全三冊 |
| 大使公信　全一冊 |
| 謁見式　全一冊 |
| 条約談判書　全一冊 |
| 大臣参議及各省卿大輔約定書　全一冊 |
| 在米雑務書類　全一冊 |
| 在英雑務書類　全一冊 |
| 在仏雑務書類　全一冊 |
| 発仏後雑務書類　全一冊 |
| 司法省理事功程　一〜一〇　全一〇冊 |
| 文部省理事功程　一〜六　全六冊 |
| 大蔵省理事功程　一〜六　全六冊<br>／第一〜五　全五表 |
| 宮内省式部寮理事功程　全一冊 |
| 肥田為良・吉原重俊・川路寛堂・杉山一成報告<br>理事功程　全一冊 |

欧米派出特命全権大使公信　乾・坤・完　全三冊
来信附属書類　全一冊
在欧米中公信　全一冊
演説応答　全一冊
耶蘇書類　第七の全一冊
各港規則書類　第四の全一冊
交際典例及関係書類　第十二の全一冊
訴訟書類　第九の全一冊
由答郡鹹湖府税則竝聞書　全一冊
紐育府政聞書竝諸規則訳　全一冊
紐育府馬車税則訳　全一冊
英倫農業会社准許状及内則　全一冊
教師シャユエー氏講説　工事　全一冊
教師デロージュ氏講説　税関規則　全一冊
教師デーラン氏講説　農事　全一冊
教師ブロック氏講説　税法　全一冊
己巳年中各港輸入物品数値〆高　全一冊
内海忠勝報告理事功程　全一冊
中山信彬報告理事功程　全一冊
岩山敬義報告理事功程　全一冊
高崎正風報告視察功程　上・中・下　全三冊
安川繁成視察功程　一〜一一　全一一冊
英国税関規則入港法　全一冊
英国税関規則輸出法　全一冊
英国税関規則輸入法　全一冊
英国税関規則借庫法　全一冊
輸入・輸出・貸蔵入　横文　一一綴・全二四収
横文切手並免状　全一四冊
欧米派出大使御用留　一〜六　全六冊

「原稿」の部

| |
|---|
| 辛未自正月至六月各港輸出物品数価税調　全一冊 |
| 庚午年各港輸出物品数価税調　全一冊 |
| 合衆国国税事務実視録　全一冊 |
| 米国大蔵省職制及所務手続聞書　全一冊 |
| 見聞筆乗　全一冊 |
| 清国案内　全一冊 |
| 華盛頓府勧業寮事務章程　全一冊 |
| 華盛頓府勧農寮職制　全一冊 |
| 華盛頓府勧農局制度及費額大略　全一冊 |
| 英国サレンシストル農学校大意　全一冊 |
| 英国獣医学校生徒規則並法度　全一冊 |
| 勧農見込書　全一冊 |
| 外交関係事務調査書　全一冊 |
| 米洲聯邦戸籍整定条例　全一冊 |
| 亜米利加合衆国法律書略訳　全一冊 |
| 大使事務局日記　全一冊 |

◇**岩倉使節団関係者史料**〔**刊行順**〕
・大塚武松編〔一九二七～三五年〕『岩倉具視關係文書　第一～八』日本史籍協會
・木戸公傳記編纂所編〔一九二九～三一年〕『木戸孝允文書　第一～八』日本史籍協會
・早稲田大學社會科學研究所編・刊〔一九五八～六二年〕『大隈文書　第一～五巻』
・多田好問編〔一九六八年〕明治百年史叢書『岩倉公實記』中巻（復刻版）原書房
・日本史籍協会編〔一九六八年〕『大久保利通文書　第四巻』東京大学出版会
・春畝公追頌会編〔一九七〇年〕明治百年史叢書『伊藤博文伝　上巻』原書房
・久米邦武〔一九八五年〕『久米博士　九十年回顧録　下巻』宗高書房
・早稲田大学編〔二〇一八年〕『大隈重信自叙伝』岩波文庫

◇**岩倉使節団関連著作**〔**刊行順**〕
・田中彰〔一九八四年〕『「脱亜」の明治維新――岩倉使節団を追う旅から――』日本放送出版協会
・泉三郎〔一九八四年〕『明治四年のアンバッサドル――岩倉使節団文明開化の旅――』日本経済新聞社
・久米美術館編・刊〔一九八五年〕『特命全権大使「米欧回覧実記」銅版画集』
・芳賀徹〔一九九〇年〕『岩倉使節団の西洋見聞――「米欧回覧実記」を読む――』日本放送出版協会

・久米美術館編・刊（一九九一年）『歴史家久米邦武』
田中　彰「歴史家久米邦武」
田中　彰「久米邦武と『米欧回覧実記』」
芳賀　徹「岩倉使節団の文化史的意義」
高田誠二「久米邦武と科学技術」
・田中　彰校注（一九九一年）『開国』（日本近代思想大系一）岩波書店
「万国公法（抄）」
「米欧回覧」
ブリーフ・スケッチ　G・F・フルベッキ
フルベッキより内々差出候書
環瀛筆記　久米邦武
・田中　彰・高田誠二編著（一九九三年）『「米欧回覧実記」の学際的研究』北海道大学図書刊行会
長島要一「デンマークにおける岩倉使節団——『米欧回覧実記』の歪み」
遠藤一夫「岩倉使節団と西洋技術」
青山英幸「留学生と岩倉使節団」
吉田文和・遠藤一夫「『米欧回覧実記』技術関連項目解説分類集成」
羽田野正隆「岩倉使節団回覧日程表・経路図」
羽田野正隆・高田誠二「『米欧回覧実記』図版一覧」

・宮永　孝（一九九二年）『アメリカの岩倉使節団』筑摩書房
・西川長夫・松宮秀治編（一九九五年）『「米欧回覧実記」を読む――一八七〇年代の世界と日本――』法律文化社
ウェルズ恵子「久米邦武の見たアメリカ」
福井純子『「米欧回覧実記」の成立』
末川　清「久米邦武にとってのプロイセン」
・髙田誠二（一九九五年）『維新の科学精神――「米欧回覧実記」の見た産業技術――』朝日選書
・泉　三郎（一九九六年）『堂々たる日本人　知られざる岩倉使節団　この国のかたちと針路を決めた男たち』祥伝社
・田中　彰（一九九九年）『小国主義――日本の近代を読みなおす――』岩波新書
・萩原延壽（二〇〇〇年）『岩倉使節団　遠い崖――アーネスト・サトウ日記抄　9』朝日新聞社
・佐藤聡彦（二〇〇一年七月）「岩倉使節団と情報技術――アメリカにおける電信と新聞報道――」日本大学『国際関係研究』第二二巻第一号
・泉　三郎（二〇〇一年）『写真・絵図で甦る　堂々たる日本人――この国のかたちを創った岩倉使節団「米欧回覧」の旅――』祥伝社
・横山伊徳編（二〇〇一年）『幕末維新と外交』（幕末維新論集7）吉川弘文館
・田中　彰（二〇〇二年）『岩倉使節団の歴史的研究』岩波書店
・田中　彰（二〇〇二年）『岩倉使節団「米欧回覧実記」』岩波現代文庫

・イアン・ニッシュ編／麻田貞雄他訳〔二〇〇二年〕『欧米から見た岩倉使節団』ミネルヴァ書房
・田中　彰〔二〇〇二年〕『岩倉使節団「米欧回覧実記」』岩波現代文庫
・田中　彰〔二〇〇三年〕『明治維新と西洋文明――岩倉使節団は何を見たか――』岩波新書
・芳賀　徹編〔二〇〇三年〕『岩倉使節団の比較文化史的研究』思文閣出版
芳賀徹「明治維新と岩倉使節団――日本近代化における連続性と革新性――」
マーリン・メイヨ「フィラデルフィア物語――一八七二年、肥田為良の工場視察――」
・米欧回覧の会編〔二〇〇三年〕『岩倉使節団の再発見』思文閣出版
高田誠二「岩倉使節団と明治日本の科学技術」
芳賀　徹「福澤諭吉と久米邦武は西洋文明をどう捉えたか」
・泉　三郎〔二〇〇四年〕『岩倉使節団という冒険』文藝春秋
・週刊朝日百科88　新訂増補〔二〇〇四年二月〕日本の歴史『留学と遣欧米使節団』（近世から近代へ⑧）朝日新聞社
・岩倉具忠〔二〇〇六年〕『岩倉具視――「国家」と「家族」――米欧巡回中の「メモ帳」とその後の家族の歴史』財団法人国際高等研究所
・久米美術館編・刊〔二〇〇四年九月二一日～一〇月三一日〕同館特別展「銅鐫にみる文明のフォルム――『米欧回覧実記』挿絵銅版画とその時代展」
・梶田里佳編集・森登協力執筆〔二〇〇六年〕『「銅鐫にみる文明のフォルム――『米欧回覧実記』挿絵銅版画とその時代展」資料集』久米美術館

◇**その他関連文献（刊行順）**


・国立国会図書館デジタルコレクション『西洋事情初編巻之一』
・国立国会図書館デジタルコレクション『民情一新』
・国立国会図書館デジタルコレクション『学問ノススメ』
・坪谷善四郎編著（一八九二〜三年）『實業家百傑傳　第一〜三編』東京堂書房
・逓信省編・刊（一九二一年）『逓信事業五十年史』
・工學會編・刊（一九二八年）『明治工業史　電気篇』
・逓信協会編・刊（一九三六年）『郵便の父前島密遺稿集――郵便創業談――』
・逓信省編（一九四〇年）『逓信事業史』（第三巻第三篇「電信」／第四巻第四篇「電話」）逓信協会
・三宅雪嶺（一九四九年）『同時代史　第一巻』岩波書店
・ペルリ提督／土屋喬雄・玉城肇訳（一九五三年）『ペルリ提督日本遠征記　第三』岩波文庫
・島崎藤村（一九五五年）『夜明け前　第二部　下』新潮文庫
・高橋達男（一九五九年）『日本資本主義と電信電話事業　上巻』中央電気通信学園
・アーネスト・サトウ／坂田精一訳（一九六〇年）『一外交官の見た明治維新　上・下』岩波文庫
・加藤周一（一九六一年）「日本人の世界像」唐木順三・竹内好共編『近代日本思想史講座8』筑摩書房

・中村尚美（一九六一年）『大隈重信』吉川弘文館
・フリードリッヒ・リスト／正木一夫訳（一九六五年）『政治経済学の国民的体系――国際貿易・貿易政策およびドイツ関税同盟――上・下巻』勁草書房
・柳田　泉（一九六五年）『福地桜痴』吉川弘文館
・村松一郎・天澤不二郎編（一九六五年）『現代日本産業発達史　XXII　陸運・通信』現代日本産業発達史研究会
・関東電気通信局編（一九六八年）『関東電信電話百年史　上巻』電気通信協会
・チェンバレン著／高梨健吉訳（一九六九年）東洋文庫『日本事物誌　1』平凡社
・高橋善七（一九六九年）『お雇い外国人⑦通信』鹿島研究所出版会
・高橋善七（一九七〇年）『近代交通の成立過程　上巻』吉川弘文館
・高橋善七（一九七一年）『近代交通の成立過程――九州における通信を中心として　下巻』吉川弘文館
・日本電線工業会編・刊（一九七一年）『電線史』
・司馬遼太郎（一九七一年）『歳月』講談社文庫
・吉川利一（一九七一年）『津田梅子』中公文庫
・高橋善七（一九七二年）『近代交通の成立過程――九州における通信を中心として　続』吉川弘文館
・ユネスコ東アジア文化研究センター編（一九七五年）『資料御雇外国人』小学館
・ハーバート・ノーマン／大窪愿二訳（一九七七年）ハーバート・ノーマン全集第一巻『日本にお

ける近代国家の成立』岩波書店
・トク・ベルツ編／菅沼竜太郎訳（一九七九年）『ベルツの日記　上・下』岩波文庫
・マックス・ヴェーバー／脇圭平訳（一九八〇年）『職業としての政治』岩波文庫
・芳賀　徹（一九八〇年）『明治維新と日本人』講談社学術文庫
・ウィリアム・マンチェスター著／鈴木主税訳（一九八二年）『クルップの歴史（上）』フジ出版社
・ペーター・パンツァー著／竹内精一・芹沢ユリア訳（一九八四年）『日本オーストリア関係史』創造社
・逓信同窓会編・刊（一九八四年）『逓信教育史――逓信同窓会創立九十周年記念――』
・R・H・ブラントン著／徳力真太郎訳（一九八六年）『お雇い外人の見た近代日本』講談社学術文庫
・高橋善七（一九八六年）『通信』（日本史小百科二三）近藤出版社
・逓信総合博物館編・刊（一九八七年三月）電信電話探訪（その二）『エンボッシングモールス電信機』
・逓信総合博物館編・刊（一九八七年一二月）電信電話探訪（その三）『ブレゲ指字電信機』
・F・V・ディキンズ著／高梨健吉訳（一九八四年）『パークス伝　日本駐在の日々』平凡社
・毛利敏彦（一九八七年）『江藤新平――急進的改革者の悲劇』中公新書
・尾佐竹猛（一九八九年）『幕末遣外使節物語――夷狄の国へ』講談社学術文庫
・山口　修（一九九〇年）『前島密』吉川弘文館
・杉谷　昭（一九九二年）『鍋島閑叟《なべしまかんそう》――蘭癖・佐賀藩主の幕末――』中公新書
・今津健治（一九九二年）『からくり儀右衛門――東芝創立者田中久重とその時代――』ダイヤモンド社

・芳　即正（一九九三年）『島津斉彬』吉川弘文館
・逓信総合博物館編・刊（一九九三年三月）『モールス印字電信機』電信電話探訪（その九）
・若井　登・高橋雄造編著（一九九四年）『てれこむノ夜明ケ　黎明期の本邦電気通信史』財団法人
電気通信振興会
・司馬遼太郎（一九九四年）『「明治」という国家　上』ＮＨＫブックス
・石井寛治（一九九四年）『情報・通信の社会史――近代日本の情報化と市場化――』有斐閣
・Ｗ・Ｅ・グリフィス著／亀井俊介訳（一九九五年）『ミカド　日本の内なる力』岩波文庫
・田中信義編・刊（一九九六年）『電報にみる佐賀の乱・神風連の乱・秋月の乱』
・石井寛治（一九九七年）『日本の産業革命――日清・日露戦争から考える』朝日選書
・前島　密（一九九七年）『前島密自叙伝』（人間の語録21）日本図書センター
・阿部謹也（一九九八年）『物語　ドイツの歴史』（歴史文化ライブラリー45）中公新書
・佐々木克（一九九八年）『大久保利通と明治維新』吉川弘文館
・藤井信幸（一九九八年）『テレコムの経済史――近代日本の電信・電話』勁草書房
・尚友倶楽部品川弥次郎関係文書編纂委員会（一九九九年）『品川弥次郎関係文書―５』山川出版社
・中岡哲郎（一九九九年）『自動車が走った　技術と日本人』朝日選書
・石原藤夫（一九九九年）『国際通信の日本史――植民地化解消へ苦闘の九十九年』東海大学出版会
・赤塚行雄（一九九九年）『君はトミー・ポルカを聴いたか――小栗上野介と立石斧次郎の「幕末」
――』風媒社

附録四　参考・引用文献一覧


・ヘンリー・ダイアー／平野勇夫訳〔一九九九年〕『大日本　技術立国日本の恩人が描いた明治日本の実像』実業之日本社
・宮崎正勝監修〔二〇〇一年〕『鉄道地図から読みとく秘密の世界史』青春出版社
・月尾嘉男・浜野保樹・武邑光裕編〔二〇〇一年〕『原典メディア環境　一八五一―二〇〇〇』東京大学出版会
・喜多平四郎／佐々木克監修〔二〇〇一年〕『征西従軍日誌　一巡査の西南戦争』講談社学術文庫
・松田裕之〔二〇〇一年〕『明治電信電話《テレコム》ものがたり――情報通信社会の《原風景》――』日本経済評論社
・鈴木　淳編〔二〇〇二年〕史学会シンポジウム叢書『工部省とその時代』山川出版社
・石井寛治〔二〇〇二年〕日本史リブレット『情報化と国家・企業』山川出版社
・戦略研究学会編集・片岡徹也編著〔二〇〇二年〕『戦略論大系③　モルトケ』芙蓉書房出版
・大塚虎之助〔二〇〇二年〕『日本電信情報史　極秘電報に見る戦争と平和』熊本出版文化会館
・渡部昇一〔二〇〇二年〕『ドイツ参謀本部――その栄光と終焉』祥伝社
・マリオン・ソシエ／西川俊作編〔二〇〇二年〕『西洋事情』(福澤諭吉著作集　第一巻)慶應義塾大学出版会
・田中　彰〔二〇〇三年〕『明治維新』講談社学術文庫
・勝田政治〔二〇〇三年〕『〈政事家〉大久保利通　近代日本の設計者』講談社選書メチエ
・諸田　實〔二〇〇三年〕『フリードリッヒ・リストと彼の時代――国民経済学の成立』有斐閣

・小室正紀編〔二〇〇三年〕『民間経済録　実業論』（福澤諭吉著作集　第六巻）慶應義塾大学出版会
・佐々木克監修〔二〇〇四年〕『大久保利通』講談社学術文庫
・竹山恭二〔二〇〇四年〕『報道電報検閲秘史――丸亀郵便局の日露戦争』朝日選書
・松田裕之〔二〇〇四年〕『通信技手の歩いた近代』日本経済評論社
・藤井信幸〔二〇〇五年〕『通信と地域社会』（近代日本の社会と交通 五）日本経済評論社
・星名定雄〔二〇〇六年〕『情報と通信の文化史』法政大学出版局
・福沢諭吉／伊藤正雄校注〔二〇〇六年〕『学問のすゝめ』講談社学術文庫
・マーチン・ファン・クレフェルト／佐藤佐三郎訳〔二〇〇六年〕『補給戦――何が勝敗を決定するのか』中公文庫BIBLIO
・梅溪　昇〔二〇〇七年〕『お雇い外国人――明治日本の脇役たち』講談社学術文庫
・諸田　實〔二〇〇七年〕『晩年のフリードリッヒ・リスト――ドイツ関税同盟の進路』有斐閣
・ハインリヒ・アウグスト・ヴィンクラー著／後藤俊明・奥田隆男・中谷毅・野田昌吾訳〔二〇〇八年〕『自由と統一への長い道I　ドイツ近現代史一七八九―一九三三年』昭和堂
・君塚直隆〔二〇〇七年〕『ヴィクトリア女王――大英帝国の〝戦う女王〟』中公新書
・笠原英彦〔二〇一〇年〕『明治留守政府』慶應義塾大学出版会
・松田裕之〔二〇一一年〕『モールス電信士のアメリカ史――IT時代を拓いた技術者たち――』日本経済評論社
・トム・スタンデージ／服部桂訳〔二〇一一年〕『ヴィクトリア朝時代のインターネット』NTT出版

・三宅正樹・石津朋之・新谷　卓・中島浩貴編著〔二〇一一年〕『ドイツ史と戦争「軍事史」と「戦争史」』彩流社
・秋田　茂〔二〇一二年〕『イギリス帝国の歴史　アジアから考える』中公新書
・松沢裕作〔二〇一二年〕『重野安繹と久米邦武――「正史」を夢みた歴史家』山川出版社
・池田勇太〔二〇一二年〕『福澤諭吉と大隈重信――洋学書生の幕末維新』山川出版社
・セバスティアン・ドブソン&スヴェン・サーラ編／中井晶夫訳〔二〇一二年〕『プロイセン―ドイツが観た幕末日本　オイレンブルク遠征団が残した版画、素描、写真』日独交流一五〇周年
・D・R・ヘッドリク／横井勝彦・渡辺昭一監訳〔二〇一三年〕『インヴィジブル・ウェポン――電信と情報の世界史1851―1945』日本経済評論社
・金子常規〔二〇一三年〕『兵器と戦術の世界史』中公文庫
・多久島澄子〔二〇一三年〕『日本電信の祖　石丸安世――慶応元年密航留学した佐賀藩士』慧文社
・玉木俊明〔二〇一四年〕『海洋帝国興隆史　ヨーロッパ・海・近代世界システム』講談社選書メチエ
・ウィリアム・H・マクニール／高橋均訳〔二〇一四年〕『戦争の世界史　技術と軍隊と社　上・下』中公文庫
・飯田洋介〔二〇一五年〕『ビスマルク――ドイツ帝国を築いた政治外交術』中公新書
・伊藤之雄〔二〇一五年〕『伊藤博文　近代日本を創った男』講談社学術文庫
・ジャニス・P・ニシムラ／志村昌子・藪本多恵子訳〔二〇一六年〕『少女たちの明治維新　ふたつの文化を生きた三〇年』原書房

・玉木俊明〔二〇一六年〕『〈情報〉帝国の興亡――ソフトパワーの五〇〇年史』講談社現代新書
・先崎彰容〔二〇一七年〕『未完の西郷隆盛――日本人はなぜ論じ続けるのか』新潮選書
・山本義隆〔二〇一八年〕『近代日本一五〇年――科学技術総力戦体制の破綻』岩波新書
・角山 榮〔二〇一八年〕『「通商国家」日本の情報戦略 領事報告をよむ』吉川弘文館
・松田裕之〔二〇一八年〕『連邦陸軍電信隊の南北戦争――ITが救ったアメリカの危機――』鳥影社
・坂本一登〔二〇一八年〕『岩倉具視――幕末維新期の調停者』山川出版社
・桐野作人・則村 一・卯月かいな〔二〇一八年〕『西郷と大久保二人に愛された男 村田新八』洋泉社

◇辞（事）典・年表など

・明治ニュース事典編纂委員会・毎日コミュニケーションズ出版部編〔一九八三〜八六年〕『明治ニュース事典 第一〜八巻』毎日コミュニケーションズ
・福沢諭吉事典編集委員会〔二〇一〇年〕慶応義塾一五〇年史資料集別巻二『福沢諭吉事典』慶應義塾大学出版会
・宮地正人・佐藤能丸・櫻井良樹編〔二〇一一〜一三年〕『明治時代史大辞典 第一〜四巻』吉川弘文館

## 索　引

－ア－

索　引

－サ－

—タ—

－ハ－

－ヤ－

ーラー

〈著者紹介〉
松田　裕之(まつだ　ひろゆき)
昭和33(1958)年3月24日大阪市生。
神戸学院大学経営学部教授。ヒストリーライター。博士[商学]関西大学。
本務校で経営管理総論・労務管理論を講じながら、情報通信史や
開港地の実業史に関する著書を執筆。
代表作:
『ATT 労務管理史論 —「近代化」の事例研究 — 』(ミネルヴァ書房)
『電話時代を拓いた女たち — 交換手(オペレーター)のアメリカ史 — 』
『明治電信電話(テレコム)ものがたり — 情報通信社会の《原風景》— 』
『通信技手の歩いた近代』
『モールス電信士のアメリカ史 — IT 時代を拓いた技術者たち — 』
『高島嘉右衛門 — 横浜政商の実業史 — 』(以上、日本経済評論社)
『ドレスを着た電信士マ・カイリー』
『格差・貧困・無縁がきた道 — 米ベストセラー『ジャングル』への旅 — 』
『草莽の湊　神戸に名を刻んだ加納宗七伝』(以上、朱鳥社)
『港都神戸を造った男 —《怪商》関戸由義の生涯 — 』(風詠社)
『物語　経営と労働のアメリカ史 — 攻防の 1 世紀を読む — 』(現代図書)
『ポケット図解　マックス・ウェーバーの経済史がよくわかる本』
(秀和システム)
『連邦陸軍電信隊の南北戦争 — IT が救ったアメリカの危機 — 』(鳥影社)

一五〇年前のIT革命
岩倉使節団の
ニューメディア体験——

定価(本体 1550円+税)

乱丁・落丁はお取り替えします。

2018年 11月 21日初版第1刷印刷
2018年 11月 27日初版第1刷発行
著　者　松田裕之
発行者　百瀬精一
発行所　鳥影社(www.choeisha.com)
〒160-0023　東京都新宿区西新宿3-5-12トーカン新宿7F
電話　03(5948)6470, FAX 03(5948)6471
〒392-0012　長野県諏訪市四賀 229-1(本社・編集室)
電話 0266(53)2903, FAX 0266(58)6771
印刷・製本　シナノ印刷

ISBN978-4-86265-718-3　C0021